典型农产品碳氮足迹时空特征（上）

李迎春　韩雪　李阔　马芬　等　著

中国农业科学技术出版社

图书在版编目（CIP）数据

典型农产品碳氮足迹时空特征. 上 / 李迎春等著. ——
北京：中国农业科学技术出版社，2024. 11. —— ISBN
978-7-5116-7195-0

Ⅰ. X511

中国国家版本馆CIP数据核字第2024RS8911号

责任编辑 李华
责任校对 李向荣
责任印制 姜义伟 王思文

出 版 者 中国农业科学技术出版社
北京市中关村南大街12号 邮编：100081
电 话 （010）82109705（编辑室） （010）82106624（发行部）
（010）82109709（读者服务部）
网 址 https://castp.caas.cn
经 销 者 各地新华书店
印 刷 者 北京建宏印刷有限公司
开 本 170 mm×240 mm 1/16
印 张 8.75
字 数 157千字
版 次 2024年11月第1版 2024年11月第1次印刷
定 价 65.00元

《典型农产品碳氮足迹时空特征（上）》

著者名单

主　著　李迎春　韩　雪　李　阔
　　　　马　芬
参　著　马　欣　赵明月　张靖瑜
　　　　赵柏涵　刘家良　韩欣怡
　　　　李文迪

前　言

　　随着全球气候变化的加剧，减少温室气体排放已成为国际社会的共同责任。中国作为负责任的大国，2020 年提出了 2030 年前实现碳达峰、2060年前实现碳中和的双碳目标，标志着中国经济社会全面绿色转型的新阶段。农业是国民经济的基础，同时也是重要的碳排放源。农业生产过程中的二氧化碳、甲烷和氧化亚氮等温室气体排放，对全球气候变化有显著影响。此外，农业活动中的氮素流失还会引发水体富营养化等环境问题。

　　在此背景下，《典型农产品碳氮足迹时空特征（上）》一书应运而生，本书系统梳理并深入分析了过去近 20 年我国主要粮、油、糖、果、薯等农产品的碳氮足迹变化，为农业领域双碳目标实现提供了坚实的理论和数据支撑。

　　本书采用生命周期评价法对农产品碳足迹和氮足迹进行核算。书中不仅详细介绍了各类农产品碳氮足迹的时空变化特征，还探讨了影响碳氮足迹的主要因素，并提出了针对性的减排措施。研究发现，随着种植技术进步、化肥效率提高及耕作方式优化，我国主要农产品单位产量碳氮足迹呈下降趋势。这表明，通过科技和管理创新，可以在保障粮食安全的同时有效降低农业活动对环境的影响。

　　本书的研究成果对于推动农业绿色转型、实现双碳目标具有重要参考价值。它不仅为政府制定相关政策提供了科学依据，也为农业生产者和相关企业优化生产方式、提高资源利用效率提供了有益借鉴。同时，本书的出版有助于增加社会各界对农业环境问题的关注度，激发更多人参与到农业可持续发展的实践中来。

著　者

2024 年 10 月

目　录

1 碳氮足迹核算方法

1.1 双碳背景

农业活动是温室气体的重要排放源之一，种植业是农业的主要组成部分，农作物在种植过程中直接向大气排放氧化亚氮（N_2O）和甲烷（CH_4），此外，农业生产资料如化肥、农药的生产，农业机械燃料以及灌溉用电等，间接导致温室气体排放（Linquist et al.，2012；Cheng et al.，2015）。2023年我国向《联合国气候变化框架公约》秘书处提交的《中华人民共和国气候变化第三次两年更新报告》公示了2018年国家温室气体清单的数据表明，我国农业活动碳排放总量为7.93亿t二氧化碳当量（CO_2eq），其中，种植业成为我国主要的农业温室气体排放源，占农业总排放的52.8%。肥料施用对提高作物产量至关重要，但也加速了土壤生物化学循环，导致大量活性氮（Nr）损失，从而造成水体富营养化、地下水污染、臭氧层破坏等一系列环境问题。据估计，2018年，我国来自化肥和有机肥施用的Nr排放总量分别为381万t和73万t（Ma et al.，2022）。因此，以高效率、低能耗、低排放和高碳汇为特征的绿色低碳农业成为现代农业发展模式。

为积极应对全球变化，我国于2020年9月向世界承诺2030年前实现碳达峰、2060年前实现碳中和的双碳目标。双碳目标在2021年被纳入《中华人民共和国国民经济和社会发展第十四个五年规划和2035年远景目标纲要》，提出要落实2030年应对气候变化国家自主贡献目标，制定2030年前碳排放达峰行动方案，积极稳妥推进碳达峰碳中和，全面推进美丽中国建设。2024年7月，《中共中央关于进一步全面深化改革 推进中国式现代化的决定》，强调积极应对气候变化，建立能耗双控向碳排放双控全面转型新机制，构建碳排放统计核算体系、产品碳标识认证制度、产品碳足迹管理体系、健全碳市场交易制度、温室气体自愿减排交易制度，积极稳妥推进碳达峰碳中和。作为世界最大农产品生产国和消费国，农业是我国实现双碳目标不可或缺的重要领域。因此，量化和分析农业生产系统的碳氮排放，提出低碳减排生产策略，可为缓解气候变化和环境问题提供潜在的解决方案，有助于我国在双碳目标下发展绿色低碳可持续农业。

碳足迹（Carbon footprint，CF）是在一项活动、一个产品或服务的整个生命周期内，直接和间接产生的温室气体排放总量，通常以一种可以用作比较不同温室气体排放的量度单位即二氧化碳当量表示（Gao et al.，2014）。碳足迹能反映人类活动的温室效应代价，作为应对气候变化、定量评价碳排放强度的计量手段已得到广泛应用。具体到农业生产系统，碳足迹由农业生产资料投入引起的温室气体排放和农业生产过程引起的温室气体排放两部分组成。基于生命周期的碳足迹能够量化农业生产系统的温室气体排放量，从而揭示农业生产活动及管理实践的环境影响，在大尺度农业生产、某一作物生产、不同田间管理措施等的环境影响评价上均得到应用（Huang et al.，2022；Li et al.，2022；Xu et al.，2022）。农业碳足迹可用于评估农作物在气候变化下的生态影响，为绿色低碳的粮食作物系统评价提供有力的数据支撑和理论依据。氮足迹（Nitrogen footprint，NF）与碳足迹类似，也是生态足迹的一个组成部分，基于全球生态系统中的活性氮逐年增加导致环境问题日趋严重的背景下提出，目的是用于定量评价人类生产活动对活性氮排放的影响，并调整生产生活方式以减少活性氮危害（Galloway et al.，2008），对全球减少活性氮危害等方面有重要的理论价值和实践指导意义。氮足迹借鉴了碳足迹的相关定义，其普遍定义为某种产品或服务在其生产、运输、储存和消费过程中直接或间接排放的活性氮的总和（秦树平等，2011），活性氮主要指在环境中具有生物可利用性的氮化合物，如氨、硝酸盐和氮氧化物（NO_x）等。目前农业领域的碳氮足迹评价方法主要包括自上而下的投入产出法和自下而上的生命周期评价法（LCA）。投入产出法多用于宏观尺度，而生命周期评价法较多用于微观尺度，具体到某个产品的产出，是最常用的计算方式。针对全国尺度典型农产品碳氮足迹以及排放清单的研究，有助于更好地理解中国作物生产对环境的影响，并为减少碳氮排放和保护生态环境提供科学依据。随着我国碳达峰碳中和目标的制定和绿色低碳转型发展战略的实施，准确核算我国典型农产品碳氮足迹，揭示其时间变化和空间分布，分析碳氮足迹的构成因素，为实现我国绿色低碳农业的可持续发展提供理论支撑与科学依据。

为贯彻落实双碳目标和推进农业农村绿色低碳发展，农业农村部、国家发展改革委联合印发《农业农村减排固碳实施方案》，将种植业节能减排、农田固碳扩容等内容列为重点任务，将稻田甲烷减排行动、化肥减量增效等内容列为重大行动，以减少稻田温室气体排放和降低氮肥投入造成的碳氮排放。通过全面量化我国农产品种植生产过程中农资投入与消耗，对农产品碳氮足迹进行深入分析与评估，揭示农产品种植系统的碳氮足迹结构，为我国制定农业绿色、低碳、可持续发展的方案提供科学参考。

1.2   核算方法

采用生命周期评价法（LCA）核算农产品碳氮足迹。LCA 是一种定量评价整个供应链环境影响的方法，它能够在能源使用效率、环境影响和可持续性方面比较不同的生产系统。根据国际标准化组织（ISO14040，2006）的定义，LCA 指从原材料获取到生产、使用和处理的整个产品生命周期的环境因素和潜在影响。对于农业系统来说，LCA 越来越多地被用于评估和分析环境和粮食安全问题。在 LCA 框架中影响评价一般包括多种影响指标，如全球变暖、富营养化、土壤酸化等。使用 LCA 进行碳氮足迹的核算，能够较全面地分析得出研究对象各阶段所产生的温室气体和活性氮排放及其对环境的影响，并识别出主要的排放阶段，从而对今后的减排提出更有针对性的措施，因此 LCA 的综合性和系统性优势使其在环境影响评价中发挥着越来越重要的作用（Yue et al.，2020）。

1.2.1   碳足迹计算方法

根据《2006 年 IPCC 国家温室气体清单指南》（2019 年修编）中的核算方法，计算公式主要涉及活动数据（AD）和排放因子（EF）。活动水平数据是指在特定时期内以及在界定地区里，产生温室气体排放的人为活动量，如化肥施用量、机械耗能等；排放因子是与活动数据相对应的系数，用于量化单位活动数据的温室气体排放量。单位面积碳足迹计算方法如下：

$$CF_a = \sum (AD_i \times EF_i) + (E_{N_2O_{direct}} + E_{N_2O_{indirect}}) \times \frac{44}{28} \times 273 + E_{CH_4} \times 27.9$$

式中，CF_a 为单位面积碳足迹，kg CO$_2$eq·hm^{-2}；AD_i 为第 i 种农资投入品的投入量，kg·hm^{-2}、（kw·h）·hm^{-2} 或 L·hm^{-2}；EF_i 为第 i 种农资投入的排放因子，如表 1–1 所示，kg CO$_2$eq·kg^{-1}、kg CO$_2$eq·L^{-1} 或

kg CO$_2$eq · (kW · h)$^{-1}$；$E_{N_2O\_direct}$ 为氮肥施用引起的 N$_2$O 直接排放量，kg · hm^{-2}；$E_{N_2O\_indirect}$ 为氮肥挥发沉降及淋溶和径流引起的 N$_2$O 间接排放量，kg · hm^{-2}；$\frac{44}{28}$ 为从 N 元素到 N$_2$O 的转换系数；273 为 100 年尺度下 N$_2$O 的全球增温潜势（IPCC，2021）；E_{CH_4} 为稻田 CH$_4$ 排放量，kg · hm^{-2}（Li et al.，2022）；27.9 为 100 年尺度下 CH$_4$ 的全球增温潜势（IPCC，2021）。

$$E_{N_2O\_direct} = Q_N \times 1\%$$

$$E_{N_2O\_indirect} = Q_N \times 11\% \times 1\% + Q_N \times 24\% \times 1.1\%$$

式中，Q_N 为田间氮肥折纯用量，kg N · hm^{-2}；1% 为 N$_2$O 排放因子（IPCC，2019）；11% 为氮肥施用引起的挥发沉降比例（IPCC，2019）；24% 为氮肥施用引起的淋溶和径流比例（IPCC，2019）；1.1% 为淋溶和径流引起的 N$_2$O 间接排放因子（IPCC，2019）。

$$CF_y = \frac{CF_a}{Y_a}$$

式中，CF_y 为单位产量碳足迹，kg CO$_2$eq · kg^{-1}；Y_a 为单位面积产量，kg · hm^{-2}。

表 1-1　农资投入的排放因子

农资投入		排放因子	文献
氮肥	尿素	7.49 kg CO$_2$eq · kg^{-1} N	陈舜等，2015
	碳酸氢铵（碳铵）	7.07 kg CO$_2$eq · kg^{-1} N	陈舜等，2015
	其他	7.76 kg CO$_2$eq · kg^{-1} N	陈舜等，2015
磷肥	过磷酸钙	0.71 kg CO$_2$eq · kg^{-1} P$_2$O$_5$	陈舜等，2015
	其他	2.33 kg CO$_2$eq · kg^{-1} P$_2$O$_5$	陈舜等，2015
钾肥	氯化钾	0.62 kg CO$_2$eq · kg^{-1} K$_2$O	陈舜等，2015
	其他	0.66 kg CO$_2$eq · kg^{-1} K$_2$O	陈舜等，2015
复合肥	磷酸二铵	4.07 kg CO$_2$eq · kg^{-1}	陈舜等，2015
	三元复混肥	0.39 kg CO$_2$eq · kg^{-1}	林克涛等，2015
农药		60.56 kg CO$_2$eq · kg^{-1}	张国等，2016
农膜		18.993 kg CO$_2$eq · kg^{-1}	李波，2011
柴油		2.601 kg CO$_2$eq · L^{-1}	NDRC，2015
电		0.8 843 kg CO$_2$eq · (kW · h)$^{-1}$	NDRC，2014

1.2.2　氮足迹计算方法

氮足迹计算方法依据 GB/T 24044—2008《环境管理　生命周期评价要求和指南》生命周期评价要求，计算各项农资投入（肥料、机械耗能、农膜、灌溉用电、农药等）的活性氮排放以及作物生长发育阶段田间活性氮的损失量，不同形态活性氮主要包括 N_2O 和 NO_x 排放、NH_3 挥发、N 淋溶和 N 径流。计算方法如下：

$$NF_a = E_{N_2O} + E_{NO_x} + E_{NH_3} + E_{N\_leaching} + E_{N\_runoff}$$

式中，NF_a 为单位面积氮足迹，$kg\ Nr \cdot hm^{-2}$；E_{N_2O} 为 N_2O 排放量，$kg \cdot hm^{-2}$；E_{NO_x} 为 NO_x 排放量，$kg \cdot hm^{-2}$；E_{NH_3} 为 NH_3 挥发量，$kg \cdot hm^{-2}$；$E_{N\_leaching}$ 为氮肥施用引起的氮淋溶量，$kg \cdot hm^{-2}$；E_{N_runoff} 为氮肥施用引起的氮径流量，$kg \cdot hm^{-2}$。

$$E_{N_2O} = \sum(AD_i \times EF_i) + Q_N \times EF_{N_2O}$$

$$E_{NO_x} = \sum(AD_i \times EF_i) + Q_N \times EF_{NO_x}$$

$$E_{NH_3} = \sum(AD_i \times EF_i) + Q_N \times EF_{NH_3}$$

$$E_{N\_leaching} = Q_N \times EF_{N\_leaching}$$

$$E_{N\_runoff} = Q_N \times EF_{N\_runoff}$$

式中，AD_i 为第 i 种农资投入品的投入量，包括肥料、机械耗能、农膜、农药等，$kg \cdot hm^{-2}$、$(kW \cdot h) \cdot hm^{-2}$ 或 $L \cdot hm^{-2}$；EF_i 为第 i 种农资投入的活性氮排放因子，如表 1-2 所示，$g\ N \cdot kg^{-1}$ 或 $g\ N \cdot L^{-1}$；Q_N 为田间氮肥折纯用量，$kg\ N \cdot hm^{-2}$；EF_{N_2O} 为氮肥施用引起的直接 N_2O 排放因子（IPCC，2019）；EF_{NO_x} 为氮肥田间施用引起的 NO_x 排放因子，稻田为 $0.000\ 047\ kg\ N \cdot kg^{-1}$（Li et al.，2022），旱地为 $0.003\ 92\ kg\ N \cdot kg^{-1}$（Li et al.，2022）；$EF_{NH_3}$ 为氮肥田间施用引起的氨挥发氮损失系数，如表 1-3 所示；$EF_{N\_leaching}$ 为氮肥田间施用引起的氮淋溶系数，稻田为 $0.018\ kg\ N \cdot kg^{-1}$（Xia et al.，2018），旱地为 $0.035\ kg\ N \cdot kg^{-1}$（Xia et al.，2018）；$EF_{N\_runoff}$ 为氮肥田间施用引起的氮径流系数，稻田为 $0.027\ kg\ N \cdot kg^{-1}$（Xia et al.，2018），旱地为 $0.073\ kg\ N \cdot kg^{-1}$（Xia et al.，2018）。

$$NF_y = \frac{NF_a}{Y_a}$$

式中，NF_y 为单位产量氮足迹，kg Nr·kg^{-1}；Y_a 为单位面积产量，kg·hm^{-2}。

表 1–2 农资投入的活性氮排放因子

农资投入	N$_2$O/ （g N·kg^{-1}）	NO$_x$/ （g N·kg^{-1}）	NH$_3$/ （g N·kg^{-1}）	文献
氮肥	0.1100	16.520	2.256	Liang, 2009
磷肥	0.0110	2.155		Liang, 2009
钾肥	0.0170	2.897		Liang, 2009
柴油生产	0.0770	2.897		Liang, 2009
柴油燃烧	0.0100	2.237		Liang, 2009
农膜	0.1900	15.100		Xia et al.，2016
电	—	2.238		
杀虫剂	0.166 1	13.180		陈中督 等，2019
除草剂	0.101 5	8.060		陈中督 等，2019
杀菌剂	0.105 7	8.410		陈中督 等，2019

表 1–3 不同作物的氨挥发氮损失系数

作物	NH$_3$ 挥发系数 /（kg N·kg^{-1}）	文献
小麦	0.070 284	Li et al.，2022
玉米	0.075 953	Li et al.，2022
早籼稻	0.276 98	Li et al.，2022
中籼稻	0.177 201	Li et al.，2022
晚籼稻	0.305 99	Li et al.，2022
粳稻	0.177 201	Li et al.，2022
花生	0.091 652	Li et al.，2022
油菜	0.070 284	Li et al.，2022
甘蔗	0.001 458	Li et al.，2022
甜菜	0.024 173	Li et al.，2022
苹果	0.056 469	Li et al.，2022
柑	0.056 469	Li et al.，2022
橘	0.056 469	Li et al.，2022
马铃薯	0.021 820	Li et al.，2022

1.3 核算边界

采用 LCA 进行碳氮足迹核算时，系统边界的界定尤其重要，系统边界与生命周期评价的目的密切相关。基于生命周期评价法，农产品碳氮足迹的系统边界为从"摇篮到大门"，即作物从播种到收获的过程中各项农资投入的温室气体和活性氮排放，包括①化肥生产（氮肥、磷肥、钾肥、复合肥等）；②肥料田间施用，温室气体包括 N_2O 和 CH_4 排放，氮足迹包括 N_2O 和 NO_x 排放、NH_3 挥发、N 淋溶和 N 径流；③农药生产；④农膜生产；⑤农用机械耗能；⑥灌溉耗电。此外，LCA 是一种相对的方法，围绕着一个功能单位进行，本书中功能单位包括单位面积碳氮足迹（碳足迹：t CO_2eq·hm^{-2}，氮足迹：kg Nr·hm^{-2}）和单位产量碳氮足迹（碳足迹：kg CO_2eq·kg^{-1}，氮足迹：g Nr·kg^{-1}）。

1.4 数据来源

选取 2004—2022 年为核算年限，根据数据的可获得性，不同农产品碳氮足迹核算年限有所不同。各地区各农作物的种植面积、产量、单位面积产量数据来源于 2005—2023 年《中国农村统计年鉴》，各种农产品生产过程中单位面积投入的肥料、农药、农膜、农用机械燃油和灌溉数据来源于 2005—2023 年《全国农产品成本收益资料汇编》。其中，农家肥用量通过农家肥成本与农家肥单价计算得出，农药用量通过农药成本与农药单价计算得出，农用机械柴油使用量通过公式［柴油使用量＝（机械作业费 ×15%/ 柴油单价）＋燃料动力费 / 柴油单价］计算得出，灌溉用电量通过公式［灌溉用电量＝（排灌费 – 水费）/ 电价］计算得出。每年农家肥、农药、柴油单价来源于 2005—2023 年《中国物价年鉴》，电价来源于电力网数据库（http://www.chinapower.com.cn/sj/）。

2 主粮作物碳氮足迹

2.1 小麦

小麦是我国重要的粮食作物之一，提高小麦产量和品质对保障粮食质量安全至关重要，2022 年，我国小麦种植面积 22 341.3×10³ hm²，产量 13 772.3×10⁴ t。我国高度重视小麦产业发展和粮食质量安全问题，《"十四五"全国种植业发展规划》中提出，到 2025 年，小麦的播种面积保持在 3.5 亿亩①以上，产量 1 400 亿 kg 以上。

小麦属于禾本科，是一种草本植物，它的适应性广泛，因地区间气候有差异，导致小麦种植季节不同，因而有冬小麦和春小麦之分。我国以冬小麦为主，春小麦次之。冬小麦种植面积占全国小麦总种植面积的 90% 以上，集中在北方冬麦区和南方冬麦区（赵广才 等，2018）。施肥是影响小麦产量与碳氮排放的关键因素。研究表明，不合理或者过量施用氮肥现象在部分地区依然存在，并导致农田养分失衡和温室气体排放污染（Hussain et al., 2018）。因此，通过对我国小麦作物碳氮足迹的系统分析，旨在评估其对环境的潜在影响，并探讨不同生产阶段和地理区域的足迹差异。

2.1.1 小麦基本特征

2.1.1.1 小麦总产、种植面积和单产时间变化特征

根据图 2-1 所示，2004—2022 年，全国小麦总产呈现出稳定的增长态势，从 2004 年的 9 195.2×10⁴ t 逐步攀升至 2022 年的 13 772.3×10⁴ t，整体增长幅度显著，高达 49.78%。与此同时，小麦的种植面积则呈现出一个先增长后回落的轨迹，特别在 2014 年，相较于 2013 年，小麦种植面积减少了 6.44%。鉴于播种面积与总产的变化，小麦单产在 2004—2022 年表现出波动上升的

---

① 1 亩 ≈667m²，1hm²=15 亩，全书同。

趋势。值得注意的是，2018 年小麦的总产和种植面积均有所减少，且小麦单产较上一年下降了 12.88%。然而，此后小麦单产仍持续上升，至 2022 年，小麦单产达到 7.665 t·hm^{-2}，相较于 2004 年增长了 50.38%。

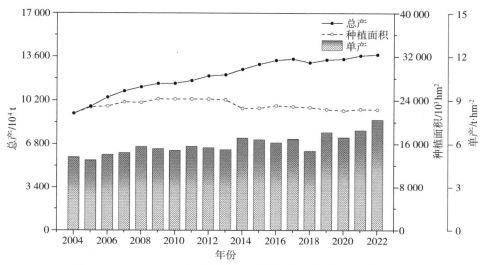

图 2-1　2004—2022 年小麦总产、种植面积和单产时间变化特征

2.1.1.2　小麦总产、种植面积和单产空间变化特征

2022 年我国小麦总产、种植面积和单产的空间变化特征如图 2-2 所示，其中河南、山东、河北、安徽及江苏作为小麦主产区，其总产和种植面积均处于全国领先地位。具体而言，河南的小麦种植面积为 5 682.5×10^3 hm^2，总产为 3 812.7×10^4 t；山东的种植面积为 4 003.6×10^3 hm^2，总产为 2 641.2×10^4 t；安徽的种植面积为 2 849.4×10^3 hm^2，总产为 1 722.3×10^4 t；江苏的种植面积为 2 377.3×10^3 hm^2，总产为 1 365.7×10^4 t；河北的种植面积为 2 219.3×10^3 hm^2，总产为 1 474.6×10^4 t。河南、山东、河北、安徽及江苏这 5 个省份的小麦单产也呈现出较高水平。相对之下，山西、内蒙古、甘肃、宁夏及新疆等省份的小麦总产和种植面积虽较低，但其单产水平并不逊色。

2.1.2　小麦单位面积碳氮足迹

2.1.2.1　单位面积碳氮足迹时间变化特征

2004—2022 年小麦单位面积碳氮足迹时间变化特征如图 2-3 所示，可以看出小麦的单位面积碳氮足迹呈现先下降后上升之后保持平稳的趋势。2004—2008 年，小麦单位面积碳足迹呈现下降趋势，2008 年达到 2.66 t CO$_2$eq·hm^{-2}，

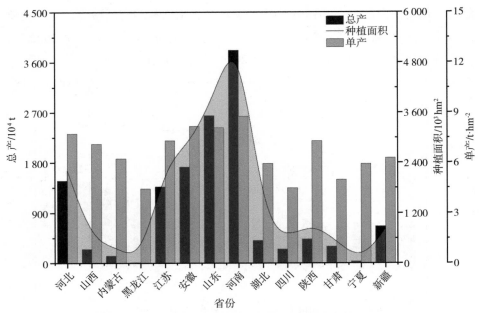

图 2-2　2022 年小麦总产、种植面积和单产空间变化特征

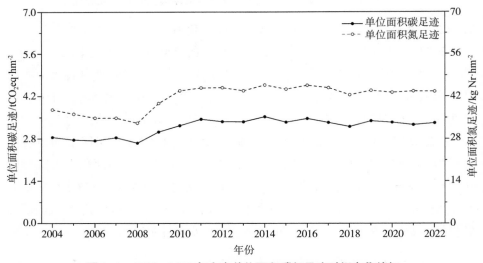

图 2-3　2004—2022 年小麦单位面积碳氮足迹时间变化特征

相较 2004 年小麦单位面积碳足迹下降了 6.72%；小麦的单位面积氮足迹也有同样的趋势，2008 年达到 33.24 kg Nr·hm^{-2}，相较 2004 年下降了 11.60%。2008—2022 年，小麦单位面积碳氮足迹呈现先上升后平稳的趋势，其中小麦单位面积碳足迹最高的年份为 2016 年，其单位面积碳足迹为

3.47 t CO_2eq·hm^{-2}；而小麦单位面积氮足迹最高的年份为 2014 年，其单位面积氮足迹为 45.76 kg Nr·hm^{-2}。

2.1.2.2　单位面积碳氮足迹空间变化特征

　　2022 年我国小麦单位面积碳氮足迹空间变化特征如图 2-4 所示，呈现出明显的地域分布特征。具体来看，新疆、内蒙古和河北的单位面积碳足迹最高，分别高达 5.55 t CO_2eq·hm^{-2}、5.07 t CO_2eq·hm^{-2} 和 4.21 t CO_2eq·hm^{-2}。同时，这 3 个省份在单位面积氮足迹方面也同样显著，其中内蒙古以 85.54 kg Nr·hm^{-2} 的氮足迹位居榜首，新疆以 68.60 kg Nr·hm^{-2} 的氮足迹紧随其后，而河北则以 54.88 kg Nr·hm^{-2} 的氮足迹排在第三位。与此形成鲜明对比的是，黑龙江在单位面积碳氮足迹方面均处于最低水平，其单位面积碳足迹仅为 0.46 t CO_2eq·hm^{-2}，单位面积氮足迹也仅为 10.44 kg Nr·hm^{-2}。我国小麦生产的碳氮足迹存在显著的地域差异，这种差异与当地的气候条件、土壤特性以及农业技术等多方面因素的综合作用密不可分。

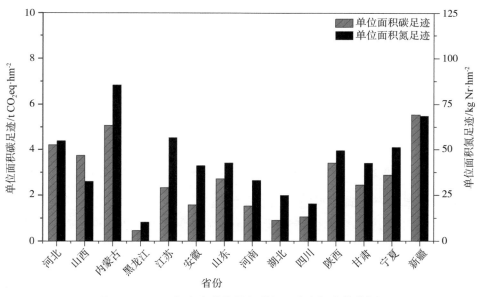

图 2-4　2022 年小麦单位面积碳氮足迹空间变化特征

2.1.3　小麦单位产量碳氮足迹

2.1.3.1　单位产量碳氮足迹时间变化特征

　　2004—2022 年小麦单位产量碳氮足迹的时间变化特征如图 2-5 所

示，可以看出小麦的单位产量碳氮足迹呈现先下降后上升再下降的波动态势。2004—2008 年，小麦单位产量碳足迹呈现下降趋势，2008 年达到 0.46 kg CO₂eq · kg⁻¹，相较 2004 年小麦单位产量碳足迹下降了 17.86%；小麦的单位产量氮足迹也有同样的趋势，在 2008 年达到 5.71 g Nr · kg⁻¹，相较 2004 年下降了 22.63%。2008—2013 年，小麦单位产量碳氮足迹呈现上升的趋势，其中小麦单位产量碳足迹最高的年份为 2013 年，其单位产量碳足迹为 0.60 kg CO₂eq · kg⁻¹；而小麦单位产量氮足迹最高的年份为 2010 年，其单位产量氮足迹为 7.91 g Nr · kg⁻¹。2014—2022 年，小麦单位产量碳氮足迹呈现下降趋势，2022 年小麦单位产量碳氮足迹分别为 0.43 kg CO₂eq · kg⁻¹ 和 5.69 g Nr · kg⁻¹。

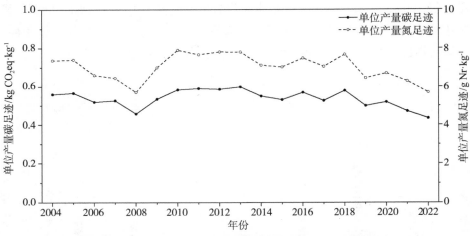

图 2-5　2004—2022 年小麦单位产量碳氮足迹时间变化特征

2.1.3.2　单位产量碳氮足迹空间变化特征

2022 年我国小麦单位产量碳氮足迹空间变化特征如图 2-6 所示。2022 年，新疆、内蒙古和河北这 3 个省份的单位产量碳足迹表现较高，分别达到了 0.88 kg CO₂eq · kg⁻¹、0.81 kg CO₂eq · kg⁻¹ 和 0.54 kg CO₂eq · kg⁻¹；在单位产量氮足迹方面，内蒙古、新疆和宁夏 3 个省份同样表现较高，分别达到了 13.70 g Nr · kg⁻¹、10.91 g Nr · kg⁻¹ 和 8.67 g Nr · kg⁻¹。河南和山东作为小麦的主产区，两省的单位产量碳足迹分别为 0.18 kg CO₂eq · kg⁻¹ 和 0.34 kg CO₂eq · kg⁻¹，单位产量氮足迹分别为 33.28 g Nr · kg⁻¹ 和 42.77 g Nr · kg⁻¹。值得注意的是，黑龙江在单位产量碳氮足迹方面均处于最低水平，其单位产量碳足迹为 0.10 kg CO₂eq · kg⁻¹，单位产量氮足迹为 2.35 g Nr · kg⁻¹。

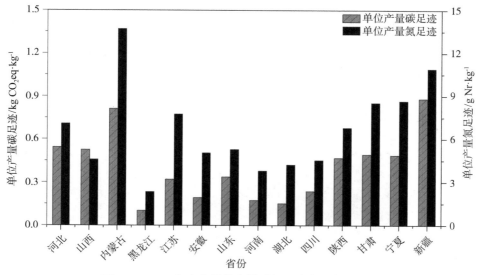

图 2-6　2022 年小麦单位产量碳氮足迹空间变化特征

2.1.4　小麦碳氮足迹构成

2.1.4.1　碳足迹构成

2004—2022 年小麦碳足迹构成时间变化特征如图 2-7 所示，小麦碳足迹构成表现为化肥生产＞灌溉用电＞氮肥施用＞机械燃油＞农药生产。化肥生产的碳构成占比呈现降低的趋势，2022 年相比 2004 年化肥生产的占比由 61.3% 下降至 50.4%；氮肥施用的占比在 2004—2022 年也有相同的趋势，2004 年氮肥施用占比为 26.5%，2022 年下降至 18.7%。但是灌溉用电、农药生产和机械燃油的时间变化趋势与化肥生产和氮肥施用的时间变化趋势不同，前者均呈现占比逐年增加的趋势。其中，机械燃油的增加趋势最为明显，由 2004 年的占比 1.6% 增长至 2022 年的占比 5.7%；其次是灌溉用电的增长幅度，由 2004 年的占比 10.4% 增长至 2022 年的占比 24.3%；最后是农药生产的占比，由 2004 年的 0.2% 增长至 2022 年的 0.8%。

如图 2-8 所示，2022 年我国小麦碳足迹构成在空间特征上呈现出明显的差异，各个省份的贡献也有所不同。化肥生产对小麦碳足迹构成的贡献比例最高，占据主导地位，内蒙古、新疆、宁夏、陕西和甘肃这 5 个省份化肥生产的贡献尤为突出。对于氮肥施用的贡献方面，内蒙古、新疆、宁夏、甘肃和江苏这 5 个省份表现最为突出，这可能与这些省份的农业种植结构以及氮肥的需求量有关。另外，农药生产对小麦碳足迹的贡献也不容忽视。其中，河南、湖北和安徽这 3 个省份农药生产的贡献较大，这可能与这些省份的农药生产能力以及小麦种植对农药的需求有关。在机械燃油碳足迹构成方面，甘肃、山东、陕西和宁夏这 4 个省份的贡献较多，这可能与农业机械化程度以及机械燃油的使用量有关。此外，山西和河北这两个省份作为小麦种植大省，灌溉用电的碳排放也很高，这可能与这两个省份的小麦种植面积以及灌溉用电量有关。

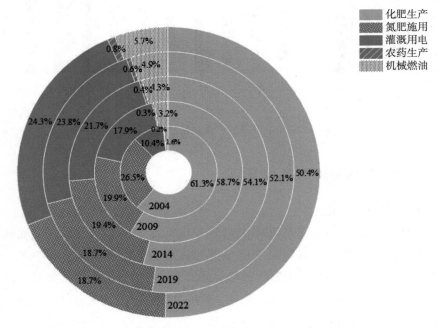

图 2-7　2004—2022 年小麦碳足迹构成时间变化特征

2.1.4.2　氮足迹构成

2004—2022 年小麦氮足迹构成时间变化特征如图 2-9 所示，小麦氮足迹构成表现为氮肥施用＞化肥生产＞灌溉用电＞机械燃油＞农药生产。化肥生产的氮构成占比呈现较平稳趋势，维持在 9.2%～9.4% 的范围。氮肥施用的占比呈现下降趋势，2022 年相比 2004 年氮肥施用的占比由 89.7% 下降至 87.9%。灌溉用电的占比由 2004 年的 0.9%，上升至 2022 年的 2.1%。同时农药生产和机械燃油的氮足迹构成占比也呈现逐年增加的趋势。

2022 年我国小麦氮足迹构成空间变化特征如图 2-10 所示。化肥生产对于小麦氮足迹构成的贡献比例相对较小，但内蒙古、新疆和江苏这 3 个省份

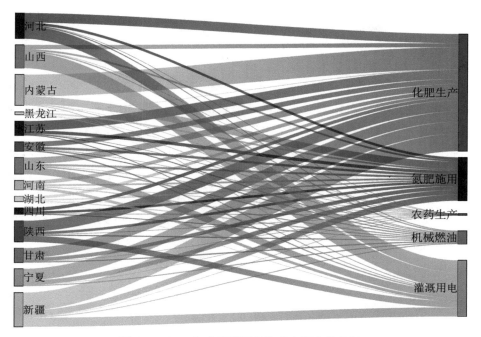

图 2-8 2022 年小麦碳足迹构成空间变化特征

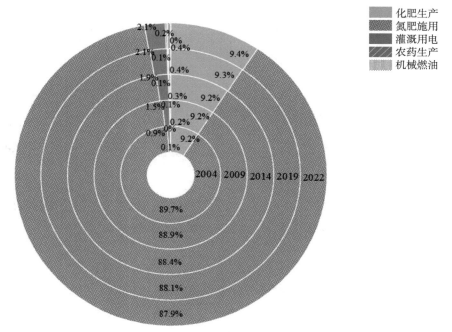

图 2-9 2004—2022 年小麦氮足迹构成时间变化特征

对于化肥生产的氮足迹贡献较大。氮肥施用的氮足迹所占比例最高，其中内蒙古、新疆、江苏和河北这4个省份的氮肥施用氮足迹最大，这可能是由于这4个省份的小麦种植面积较大，需要大量的氮肥来满足小麦生长的需要。对于农药生产的氮足迹贡献，江苏、河南、湖北和安徽这4个省份贡献较大，病虫害严重。在机械燃油氮足迹构成方面，甘肃、山东和山西这3个省份的氮足迹构成较多，这可能是由于这3个省份的农业机械化程度较高，机械燃油的使用量较大。在灌溉用电方面，山西和河北这两个省份的氮排放较高，这可能是由于这两个省份的灌溉需求大，需要大量的灌溉用电，从而导致了较高的氮排放。总的来说，2022年我国小麦氮足迹构成在空间分布上呈现出一定的特点，各省份根据自身的农业特点，对于不同部分的氮足迹贡献也有所不同。

图2-10 2022年小麦氮足迹构成空间变化特征

2.1.5 小结

基于我国小麦的碳氮足迹时间特征和空间特征的分析，总结如下。

2004—2022年，全国小麦总产量实现了显著增长，增幅高达49.78%。在此期间，小麦种植面积经历了先增长后减少的趋势，特别在2016年出现显著下滑。值得注意的是,尽管 2018 年小麦总产和种植面积有所减少,但小麦单产持续上升,至 2022 年已达到 7.665 t·hm⁻²。

从时间维度来看,单位面积和单位产量的碳氮足迹时间变化趋势不尽相同,小麦单位面积碳氮足迹在 2004—2008 年呈下降趋势,随后转为上升态势;虽然 2004—2022 年小麦的种植面积没有太显著的变化,但是在 2008 年之后总产呈现显著的上升趋势且灌溉用电在碳足迹构成中的占比增加,使得小麦单位面积碳氮足迹在 2008 年后呈现上升态势。而单位产量碳氮足迹则经历了先下降后上升再下降的波动态势。进一步探究小麦碳足迹的构成,化肥生产和氮肥施用是其主要来源,但化肥生产占比有所减少。同时,灌溉用电、农药生产和机械燃油的占比逐年递增,特别是机械燃油的占比增长显著。在氮足迹构成方面,化肥生产对氮足迹的贡献相对稳定,氮肥施用占比有所下降,而农药生产和机械燃油的氮足迹占比则呈现上升趋势。

从空间维度分析,单位面积和单位产量的碳氮足迹不同省份间存在显著的地域差异。具体而言,河南、河北与山东这 3 个省份的表现各异。其中,河北的单位面积与单位产量碳氮足迹较高,而河南与山东则相对较低,这可能与后者近年来在化肥生产、氮肥施用及灌溉用电方面的碳氮足迹排放降低有关。对于黑龙江与内蒙古而言,内蒙古的单位面积与单位产量碳氮足迹相对较高,而黑龙江则相对较低。这主要源于内蒙古在化肥生产与氮肥施用方面的高碳氮足迹排放,以及黑龙江灌溉用电产生的低碳氮足迹排放。

综上所述,我国小麦的碳氮足迹受到多种因素的影响,包括农业生产方式、灌溉技术、化肥和农药使用等。不同地区的农业生产实践和环境条件导致了碳氮足迹的空间差异。为了降低小麦碳氮足迹,需要针对性的改进措施,比如优化化肥和农药的使用,提高灌溉效率,以及推广低碳农业技术等。

2.2 玉米

玉米用途广泛、能值高、转化效率高,是重要的粮食、饲料和工业原料(Liu et al.,2020)。自 2013 年起,玉米一直是我国最大的粮食作物(Liu et al.,2017),其种植面积和总产分别占全国粮食作物总量的 37% 和 40%(国家统计局,2023)。持续提高玉米产量对提升千亿斤粮食产能和保障国家粮食安全至关重要。2022 年,我国玉米种植面积 43 070.1×10³ hm²,

产量 515.7×10^4 t。我国高度重视玉米产业发展和粮食质量安全问题，《"十四五"全国种植业发展规划》中提出，到 2025 年，玉米播种面积达到 6.3 亿亩以上，产量提高到 2 650 亿 kg 以上，力争达到 2 775 亿 kg。

由于施氮的增产效果明显，粮食产量的增加往往依靠较高的氮肥投入（Xu et al.，2021）。农户通常依靠过量施氮的方式来提高产量，在生育前期施用大量的氮肥，导致土壤氮素供应与作物需求不匹配（赵士诚 等，2010；Cui et al.，2010）。1990—2020 年，我国粮食总产量增加了 50%，而同一时期的化肥使用量增加了 103%（国家统计局，2023）。粮食产量和氮肥投入量的不协调增长，进一步降低了氮素利用效率，从而造成我国玉米田平均施氮量高达 257 kg N · hm^{-2}，而平均氮肥偏生产力只有 26.5 kg · kg^{-1}，仅为美国平均氮肥偏生产力的 40%（Chen et al.，2011，2014；Zhang et al.，2015）。因此，在大幅提高籽粒产量的同时，我国还面临着提高氮素利用效率的巨大挑战。本章通过系统分析 2004—2022 年我国玉米的总产、种植面积、单产及碳氮足迹等变化，全面揭示玉米生产对环境的影响及其地域分布特征，为优化农业管理策略、降低环境负荷提供科学依据。

2.2.1 玉米基本特征

2.2.1.1 玉米总产、种植面积和单产时间变化特征

2004—2022 年，我国玉米总产、种植面积和单产时间变化趋势如图 2-11 所示。在此期间，玉米总产量维持了稳定且持续的增长态势，从 2004 年的 423.6×10^4 t 逐步攀升至 2022 年的 515.7×10^4 t，实现了 21.75% 的显著增长。同时，玉米的种植面积总体上也呈现增长趋势。特别值得注意的是，2016 年玉米种植面积达到峰值，达到 44 177.6 $\times 10^3$ hm^2，较上一年增加 15.89%。至 2022 年，玉米单产达到历史最高点，为 6.44 t · hm^{-2}，相较于 2004 年增长了 25.70%。

2.2.1.2 玉米总产、种植面积和单产空间变化特征

2022 年我国玉米总产、种植面积和单产的空间变化特征如图 2-12 所示。在种植面积上，黑龙江、吉林、内蒙古、山东、河南以及河北显著位于玉米种植大省之列。在总产上，新疆、宁夏、甘肃、山西则表现突出，成为全国玉米总产较高的省份。具体而言，新疆的玉米总产量达到 819.29×10^4 t，种植面积为 1 145.6 $\times 10^3$ hm^2；宁夏的总产量为 729.65×10^4 t，种植面积 365.6 $\times 10^3$ hm^2；甘肃的总产量为 722.84×10^4 t，

种植面积为 $1\ 074.5×10^3\ hm^2$；山西的总产量为 $610.7×10^4\ t$，种植面积为 $1\ 813.9×10^3\ hm^2$。此外，新疆、宁夏和甘肃的单产也相对较高，分别为 $9.43\ t·hm^{-2}$、$7.57\ t·hm^{-2}$ 和 $6.18\ t·hm^{-2}$。

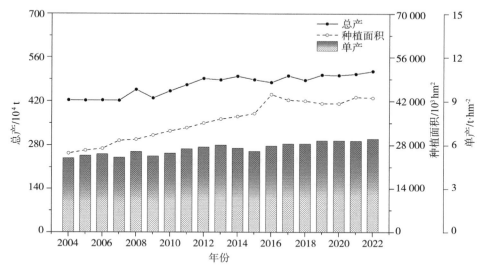

图 2-11 2004—2022 年玉米总产、种植面积和单产时间变化特征

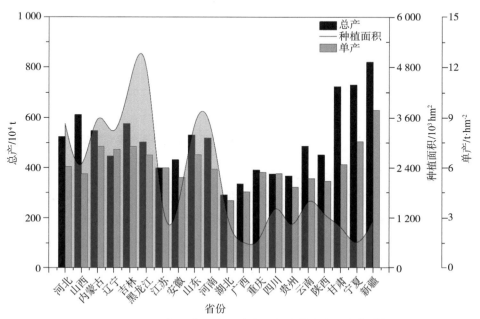

图 2-12 2022 年玉米总产、种植面积和单产空间变化特征

2.2.2 玉米单位面积碳氮足迹

2.2.2.1 单位面积碳氮足迹时间变化特征

2004—2022 年玉米单位面积碳氮足迹的时间变化特征如图 2-13 所示，玉米单位面积的碳氮足迹总体上呈现出一种稳定且持续的下降趋势。具体而言，在 2004—2022 年这一时间段内，玉米的单位面积碳足迹在 2014 年达到峰值，为 3.02 t CO_2eq·hm^{-2}；而在 2021 年降为 2.29 t CO_2eq·hm^{-2}，相较于 2004 年，单位面积碳足迹显著下降 21.84%。玉米单位面积的氮足迹也呈现出类似的下降趋势。在 2004 年，玉米单位面积的氮足迹达到最高值，为 44.17 kg Nr·hm^{-2}；而至 2021 年，其数值降至最低，具体为 31.66 kg Nr·hm^{-2}，相比 2004 年下降了 28% ~ 32%。

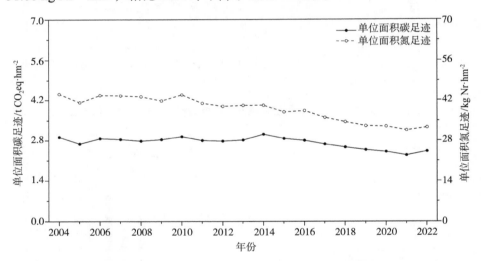

图 2-13 2004—2022 年玉米单位面积碳氮足迹时间变化特征

2.2.2.2 单位面积碳足迹空间变化特征

2022 年我国玉米单位面积碳氮足迹空间变化特征如图 2-14 所示，单位面积碳足迹较高的省份依次为新疆、甘肃和陕西，分别为 6.89 t CO_2eq·hm^{-2}、5.84 t CO_2eq·hm^{-2} 和 4.99 t CO_2eq·hm^{-2}。与此同时，新疆、宁夏和甘肃的单位面积氮足迹也呈现较高水平，分别为 71.95 kg Nr·hm^{-2}、70.82 kg Nr·hm^{-2} 和 66.04 kg Nr·hm^{-2}。值得注意的是，吉林在玉米生产的碳氮足迹方面最低，其单位面积碳足迹仅为 0.91 t CO_2eq·hm^{-2}，而单位面积氮足迹也相对较低，为 13.99 kg Nr·hm^{-2}。这一数据反映了我国玉米生产在碳氮足迹方面存在的显著地域差异，这与各省份的气候条件、土壤类型、农业技术运用以及农业管理水平等多种因素密切相关。

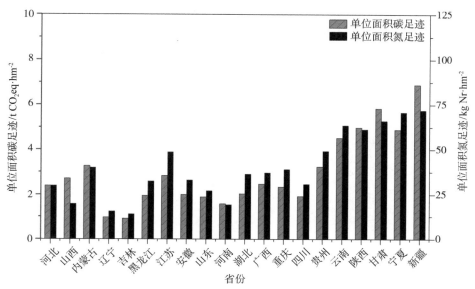

图 2-14　2022 年玉米单位面积碳氮足迹空间变化特征

2.2.3 玉米单位产量碳氮足迹

2.2.3.1 单位产量碳氮足迹时间变化特征

图 2-15 展示了 2004—2022 年玉米单位产量碳氮足迹时间变化特征。在此期间，玉米的单位产量碳氮足迹均呈现相似的波动下降趋势。具体而言，2004—2010 年，玉米单位产量碳氮足迹波动较大，其中，玉米单位产量碳氮足迹均在 2004 年达到峰值，分别为 0.57 kg CO$_2$eq · kg^{-1} 和 8.63 g Nr · kg^{-1}。然而，自 2010 年以后，玉米单位产量碳氮足迹均呈现显著的下降趋势。至 2021 年，玉米单位产量碳足迹降至最低点，为 0.36 kg CO$_2$eq · kg^{-1}，较 2004 年下降了 36.84%；同样，单位产量氮足迹也在 2021 年达到最低值，为 5.03 g Nr · kg^{-1}，相较 2004 年下降了 41.71%。

2.2.3.2 单位产量碳氮足迹空间变化特征

2022 年我国玉米单位产量碳氮足迹空间变化特征如图 2-16 所示，碳足迹较高的省份依次为陕西、甘肃和云南。具体而言，陕西的单位产量碳足迹居于首位，达到 0.96 kg CO$_2$eq · kg^{-1}，甘肃紧随其后，为 0.94 kg CO$_2$eq · kg^{-1}，而云南的碳足迹略低，为 0.85 kg CO$_2$eq · kg^{-1}。同样，在氮足迹方面，云南、陕西和甘肃 3 省亦呈现较高水平。其中，云南的单位产量氮足迹为 11.88 g Nr·kg^{-1}，陕西为 11.84 g Nr·kg^{-1}，甘肃为 10.68 g Nr·kg^{-1}。吉林在碳氮足迹方面均处于显著低位，其单位产量碳足迹仅为 0.13 kg CO$_2$eq·kg^{-1}，单位产量氮足迹也相对较低，为 1.92 g Nr·kg^{-1}。数据表明，吉林在玉米生产过程中，相较于其他省份，展现出了在节能减排和资源利用方面的优势。

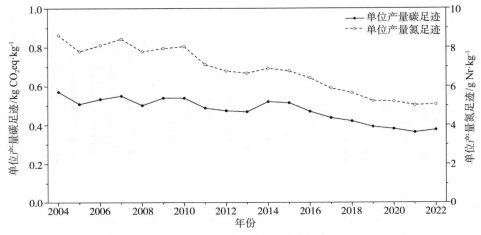

图 2-15　2004—2022 年玉米单位产量碳氮足迹时间变化特征

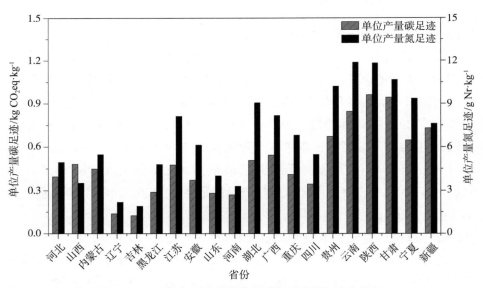

图 2-16　2022 年玉米单位产量碳氮足迹空间变化特征

2.2.4 玉米碳氮足迹构成

2.2.4.1 碳足迹构成

2004—2022 年玉米碳足迹构成时间变化特征如图 2-17 所示，玉米碳足迹构成表现为化肥生产＞氮肥施用＞灌溉用电＞农膜生产＞机械燃油＞农药生产。化肥生产的碳足迹构成占比呈现降低的趋势，2022 年相比 2004 年化肥生产的占比由 51.0% 下降至 41.2%；氮肥施用的占比在 2004—2022 年也有相同的趋势，由 2004 年氮肥施用占比的 41.8%，在 2022 年下降至 37.5%。然而灌溉用电、农药生产和机械燃油的占比呈上升趋势。其中，机械燃油占比由 2004 年的 0.7% 增长至 2022 年的 4.5%；农药生产由 2004 年的 0.1% 增长至 2022 年的 0.6%；灌溉用电的占比由 2004 年的 3.7% 增长至 2022 年的 11.1%；农膜生产的占比峰值出现在 2019 年，占比为 5.2%。

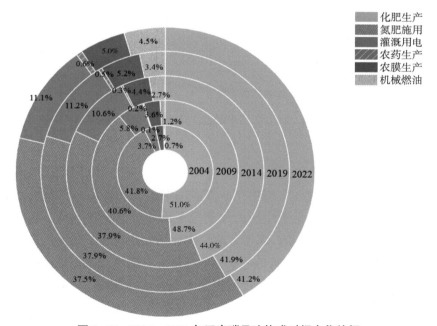

图 2-17　2004—2022 年玉米碳足迹构成时间变化特征

2022 年玉米碳足迹构成空间变化特征如图 2-18 所示，新疆、宁夏、甘肃、云南和陕西这 5 个省份的化肥生产的碳足迹贡献显著。宁夏、新疆、甘肃、云南和陕西的氮肥施用对碳足迹的贡献较大。农药生产方面，云南、广西和宁夏这 3 个省份的贡献较为突出。此外，机械燃油碳足迹构成方面，甘肃、广西、湖北和宁夏 4 个省份的贡献较多。值得关注的是，新疆、山西和陕西这 3 个省份在灌溉用电的碳排放方面也占据了较高的比重。

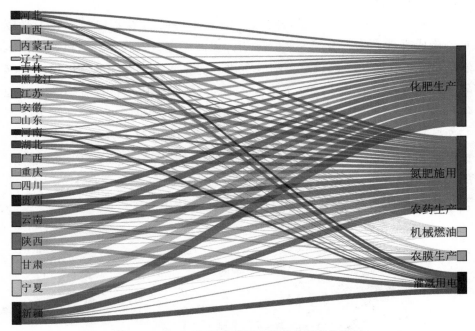

图 2-18　2022 年玉米碳足迹构成空间变化特征

2.2.4.2　氮足迹构成

2004—2022 年玉米氮足迹构成时间变化特征如图 2-19 所示，玉米氮足迹构成表现为氮肥施用＞化肥生产＞灌溉用电＞农膜生产＞机械燃油＞农药生产。化肥生产在氮足迹中所占比例呈现出相对稳定的态势，其占比在 8.9%～9.0% 的区间内波动，表明此阶段内化肥生产作为玉米氮足迹的重要构成部分，其占比保持了一定的稳定性。然而，氮肥施用在氮足迹中的占比却呈现下降的趋势，这一变化可能归因于农业技术的进步、氮肥使用效率的提高以及环保政策的加强。同时，灌溉用电在氮足迹中的占比呈上升的趋势。具体而言，从 2004 年的 0.4% 增长至 2022 年的 1.2%，这一变化可能与农业对灌溉需求的增加密切相关。相比之下，农药生产、农膜生产和机械燃油在氮足迹中的占比始终保持在较低水平，且在时间上的波动不大。

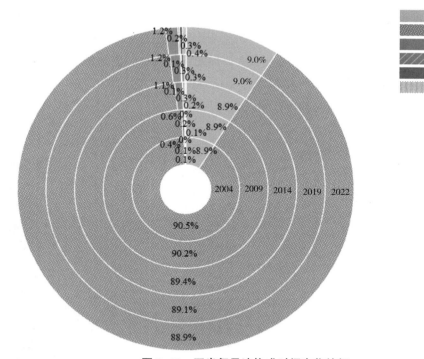

图2-19 玉米氮足迹构成时间变化特征

2022年玉米氮足迹构成空间变化特征如图2-20所示,对于玉米氮足迹的构成,氮肥施用占据主导地位,其中宁夏、新疆、甘肃和云南的贡献尤为突出。化肥生产的占比相对较低,宁夏、新疆、甘肃和陕西这4个省份在化肥生产氮足迹构成中的贡献显著。在农药生产方面,云南、广西和宁夏这3个省份的贡献较大,表明这些地区在农药生产过程中可能存在较高的氮排放现象。甘肃、广西和湖北这3个省份在机械燃油氮足迹的构成中占据较大比例。此外,新疆、山西和陕西这3个省份在灌溉用电的氮排放方面呈现出较高的水平,这可能是由于这些地区在农业生产中广泛采用灌溉设备,从而导致了较高的氮排放。

2.2.5 小结

对我国玉米产业的多个维度进行深度剖析,涵盖了总产、种植面积、单产、碳氮足迹及其随时间推移的演变和空间分布特征,得出以下结论。

2004—2022年,我国玉米总产和种植面积均呈现出稳步增长的态势。总产量由2004年的423.6×10^4 t增长至2022年的515.73×10^4 t,增长率达到

21.75%。种植面积则在2016年达到最高点，达到44 177.6×10³ hm²。玉米单产也呈现出波动上升的趋势，至2022年达到历史峰值，为6.44 t·hm⁻²，相较于2004年增长了25.70%。在地域分布上，黑龙江、吉林、内蒙古、山东、河南和河北等地是玉米的主要种植区域，而在总产量上，新疆、宁夏、甘肃和山西则表现出色，其中新疆的单产量尤为突出。

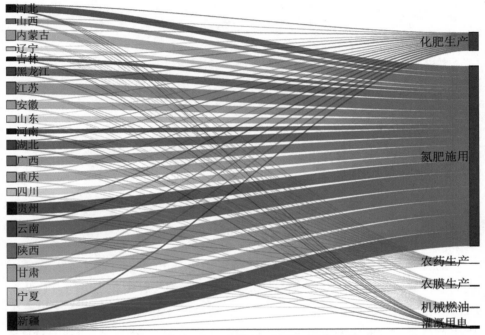

图2-20　2022年玉米氮足迹构成空间变化特征

在碳氮足迹方面，2004—2022年，玉米单位面积的碳氮足迹总体呈现下降趋势。碳足迹由2014年的峰值3.02 t CO₂eq·hm⁻²下降至2021年的2.29 t CO₂eq·hm⁻²。氮足迹则由2004年的44.17 kg Nr·hm⁻²下降至2021年的31.66 kg Nr·hm⁻²。新疆、甘肃和陕西的单位面积碳足迹较高，而吉林在碳氮足迹管理方面表现优异，其单位面积碳足迹和氮足迹均处于较低水平。

2004—2022年，玉米单位产量的碳氮足迹呈现波动下降趋势。至2021年，单位产量碳足迹和氮足迹分别下降至0.36 kg CO₂eq·kg⁻¹和5.03 g Nr·kg⁻¹，相较于2004年分别下降了36.84%和41.71%。

在玉米碳氮足迹的构成方面，化肥生产、氮肥施用、灌溉用电、农药生产和机械燃油是其主要组成部分。其中，机械燃油的占比增长显著，而化肥生产和氮肥施用的占比则有所下降。在氮足迹构成中，化肥生产占比相对稳定，而氮肥施用占比有所下降。在空间分布上，不同省份在化肥生产、氮肥施用、农药生产、机械燃油和灌溉用电等方面的碳氮足迹贡献存在显著差异，这可能与当地的气候、土壤、农业技术和管理水平等因素有关。

本研究为我国玉米产业的碳氮足迹及其变化趋势提供了深入的分析，并揭示了不同地区在碳氮足迹管理上的优劣表现。这些数据将为进一步优化农业管理、减少环境影响提供有力的支持。

2.3 水稻

水稻是我国重要的粮食作物，水稻生产对于保障国家粮食安全和人民生活水平具有重要作用。我国水稻产量和种植面积均位居全球第一，其占比约占世界水稻总产量和种植面积的1/3。《"十四五"全国种植业发展规划》中明确提出，到2025年，全国水稻种植面积稳定在4.5亿亩左右，稻谷产量达2 150亿kg。

水稻是短日照作物，具有喜高温和多湿的特点。由于我国气候资源等环境的差异性，水稻种植区域分布较广，主要为华南双季稻作区、长江流域稻作区、华北单季稻作区、东北单季稻作物、北部半干旱稻作区、西部干旱稻作区及云贵高原稻作区。水稻品种以籼稻和粳稻为主，形成独具特色的"南籼北粳"地域特征。氮肥施用和灌溉是水稻种植过程中的重要环节，水稻长期处于淹水会促进甲烷的产生，氮肥施用也会造成温室气体的产生和氮损失。因此，分析水稻生产碳氮足迹及其构成的时空动态变化，可为我国水稻的低碳绿色发展提供理论支撑与科学依据。

2.3.1 水稻基本特征

2.3.1.1 水稻总产、种植面积和单产时间变化特征

2004—2022年，我国水稻总产和单产变化总体呈上升趋势（图2-21），其变化范围分别为（$1.79 \sim 2.13$）$\times 10^8$ t和$6.26 \sim 7.11$ t·hm^{-2}。与2004年相比，水稻总产增加16.4%，单产增加12.2%。我国水稻种植面积总体呈现先增加后减少趋势，其变化范围为（$2.84 \sim 3.08$）$\times 10^7$ hm^2，2004—2015年，水稻种植面积呈增加趋势，2015年水稻种植面积达到最大，为3.08×10^7 hm^2，

增加 8.47%，2015—2022 年，水稻种植面积呈波动降低趋势，降低 4.33%。2022 年，水稻总产为 2.09×10^8 t，种植面积为 2.95×10^7 hm²，单产为 7.1 t·hm^{-2}。

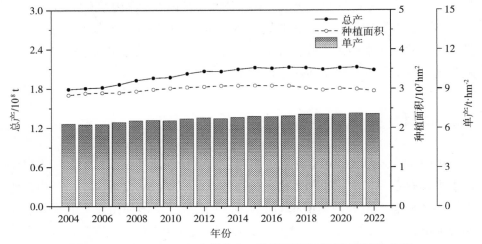

图 2-21　2004—2022 年水稻总产、种植面积和单产时间变化特征

2.3.1.2　水稻总产、种植面积和单产空间变化特征

如图 2-22 所示，我国水稻种植形状呈现空间差异性，总产变化范围为（23.7～2 718）×10⁴ t，种植面积变化范围为（29.4～3 601）×10³ hm²，单产变化范围为 5.6～9.0 t·hm^{-2}。水稻总产与种植面积呈现相似的分布特征，湖南和黑龙江是我国水稻主要种植区域，其种植面积分别占我国种植面积的 13.4% 和 12.2%。湖南、黑龙江和江西水稻总产位列我国水稻总产的前 3，其占比分别为 13.0%、12.7% 和 9.77%。总体来看，各产区单产水平差异较大，单产最高的为江苏，达到 9.0 t·hm^{-2}，单产最低的为海南，为 5.6 t·hm^{-2}。

2.3.2　早籼稻

2.3.2.1　早籼稻单位面积碳氮足迹

（1）单位面积碳氮足迹时间变化特征

早籼稻单位面积碳氮足迹时间变化特征如图 2-23 所示，2004—2022 年，单位面积碳足迹无明显变化，其范围为 4.56～4.80 t CO₂eq·hm^{-2}。2004—2010 年，单位面积氮足迹总体呈现增加趋势，增加 10.8%；2010—2016 年，单位面积氮足迹呈现波动变化，其变化范围为 60.79～63.8 kg Nr·hm^{-2}；

2016—2022 年，单位面积氮足迹呈现降低趋势，降幅为 9.93%，2022 年单位面积氮足迹为 55.82 kg Nr·hm⁻²。

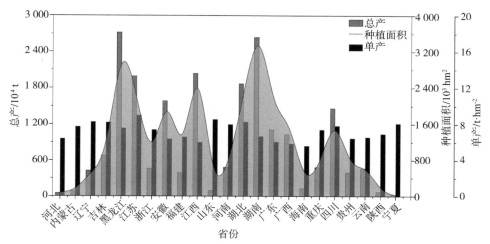

图 2-22　2022 年水稻总产、种植面积和单产空间变化特征

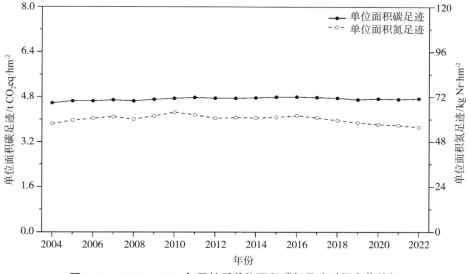

图 2-23　2004—2022 年早籼稻单位面积碳氮足迹时间变化特征

（2）单位面积碳氮足迹空间变化特征

早籼稻单位面积碳氮足迹空间变化特征如图 2-24 所示，各省单位面积碳足迹变化范围为 3.17 ～ 6.67 t CO₂eq·hm⁻²，单位面积氮足迹变化范围为 44.96 ～ 67.64 kg Nr·hm⁻²。浙江、福建和安徽单位面积碳足迹较高，分别

为 6.67 t CO₂eq · hm⁻²、5.96 t CO₂eq · hm⁻² 和 5.65 t CO₂eq · hm⁻²。湖南和海南单位面积碳足迹较低，分别为 3.73 t CO₂eq · hm⁻² 和 3.17 t CO₂eq · hm⁻²。浙江、安徽和广西单位面积氮足迹较高，分别为 67.64 kg Nr · hm⁻²、65.10 kg Nr · hm⁻² 和 61.55 kg Nr · hm⁻²。江西、湖北、广东为早籼稻的主产区，其单位面积碳足迹和单位面积氮足迹处于全国中间水平。

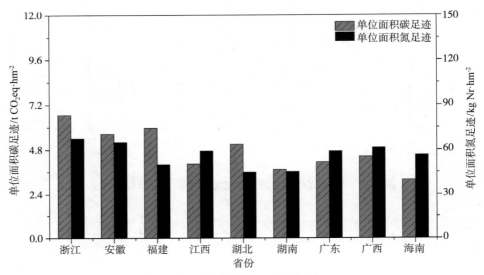

图 2-24　2022 年早籼稻单位面积碳氮足迹空间变化特征

2.3.2.2　早籼稻单位产量碳氮足迹

（1）单位产量碳氮足迹时间变化特征

早籼稻单位产量碳氮足迹时间变化特征如图 2-25 所示，2004—2022 年，单位产量碳足迹和单位产量氮足迹时间变化趋势较为相似，均呈波动下降趋势，其变化范围分别为 0.74 ～ 0.83 kg CO₂eq · kg⁻¹ 和 9.06 ～ 11.06 g Nr · kg⁻¹。

（2）单位产量碳氮足迹空间变化特征

早籼稻单位产量碳氮足迹空间变化特征如图 2-26 所示，浙江、福建和湖北单位产量碳足迹较高，分别为 1.03 kg CO₂eq · kg⁻¹、0.84 kg CO₂eq · kg⁻¹ 和 0.77 kg CO₂eq · kg⁻¹，江西、广东、广西为早籼稻的主产区，其单位产量碳足迹处于全国中间水平。浙江、广西和广东单位产量氮足迹位于前 3，分别为 10.40 g Nr · kg⁻¹、10.21 g Nr · kg⁻¹ 和 9.99 g Nr · kg⁻¹。

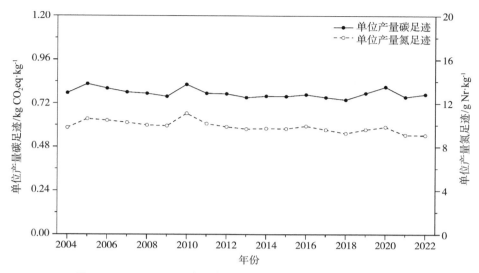

图 2-25 2004—2022 年早籼稻单位产量碳氮足迹时间变化特征

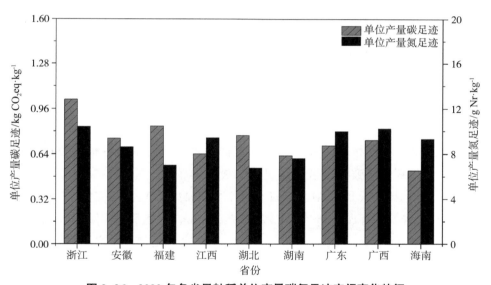

图 2-26 2022 年各省早籼稻单位产量碳氮足迹空间变化特征

2.3.2.3 早籼稻碳氮足迹构成

（1）碳足迹构成

2004—2022 年早籼稻碳足迹构成时间变化特征如图 2-27 所示，其碳足迹构成表现为甲烷排放（62.07%）＞化肥生产（27.68%）＞机械燃油（3.62%）＞农膜生产（2.14%）＞氮肥施用（2.01%）＞灌溉用电（1.70%）＞农药生产

（0.78%）。2004—2022 年，甲烷占比范围为 61.2% ～ 63.7%；化肥生产碳足迹占比范围为 25.6% ～ 28.3%；氮肥施用所占比例为 1.9% ～ 2.1%；灌溉用电所占比例为 1.2% ～ 2.3%，呈增加趋势；农药生产和机械燃油所占比例分别为 0.3% ～ 1.2% 和 0.8% ～ 6.1%；农膜生产占比 1.5% ～ 3.2%。

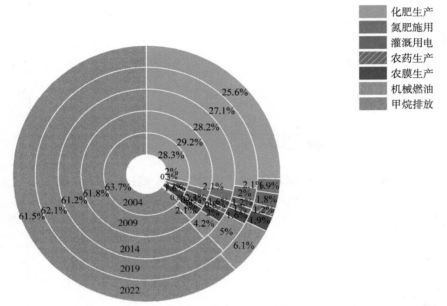

图 2-27　2004—2022 年早籼稻碳足迹构成时间变化特征

我国早籼稻种植区的地理特征和气候条件不同，使得各种农资投入量存在很大差别，导致各地区的碳足迹构成差异较大。如图 2-28 所示，2022 年，化肥生产的碳足迹中，浙江最高，为 0.22 t CO_2eq·hm^{-2}；广东和广西分别为 0.22 t CO_2eq·hm^{-2} 和 0.22 t CO_2eq·hm^{-2}。氮肥施用的碳足迹中，广西最高，为 0.16 t CO_2eq·hm^{-2}。灌溉用电的碳足迹中，浙江最高，为 0.03 t CO_2eq·hm^{-2}。农药生产的碳足迹中，浙江最高，为 0.01 t CO_2eq·hm^{-2}。机械燃油的碳足迹中，浙江最高，为 0.06 t CO_2eq·hm^{-2}。甲烷碳足迹中，浙江最高，为 0.66 t CO_2eq·hm^{-2}。

（2）氮足迹构成

2004—2022 年早籼稻氮足迹构成时间变化特征如图 2-29 所示，其氮足迹构成表现为氮肥施用（93.6%）>化肥生产（5.5%）>机械燃油（0.4%）>灌溉用电（0.2%）>农膜生产（0.2%）>农药生产（0.1%）。2004—2022 年，化肥生产氮足迹占比范围为 5.3% ~ 5.6%；氮肥施用所占比例为 93.1% ~ 94.1%；灌溉用电所占比例为 0.2% ~ 0.3%；机械燃油所占比例为 0.1% ~ 0.6%；农膜生产和农药生产占比较低。

图 2-28　2022 年各省早籼稻碳足迹构成空间变化特征

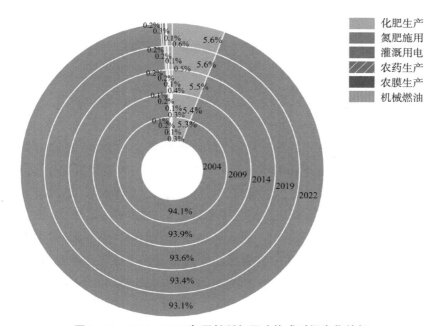

图 2-29　2004—2022 年早籼稻氮足迹构成时间变化特征

如图 2-30 所示，2022 年，化肥生产的氮足迹中，浙江最高，为 3.59 g Nr·kg⁻¹；广东和广西分别为 3.28 g Nr·kg⁻¹ 和 3.36 g Nr·kg⁻¹。氮肥施用的氮足迹中，浙江最高，为 62.31 g Nr·kg⁻¹。灌溉用电的氮足迹中，浙江最高，为 0.32 g Nr·kg⁻¹。农药生产的氮足迹中，浙江最高，为 0.25 g Nr·kg⁻¹。机械燃油的氮足迹中，浙江最高，为 0.44 g Nr·kg⁻¹。

图 2-30 2022 年各省早籼稻氮足迹构成空间变化特征

2.3.2.4 小结

基于早籼稻碳氮足迹时间特征和空间特征分析，得出如下结论。

从时间维度看，2004—2022 年单位面积碳足迹呈波动变化趋势，而单位面积氮足迹和单位产量碳氮足迹均呈波动降低的趋势，2004—2022 年种植面积较为稳定，但水稻总产和单产呈现增加趋势，单位产量碳氮足迹呈波动下降趋势。早籼稻种植过程中，甲烷排放是碳足迹的主要构成，2022 年占比为 61.5%；氮足迹构成中，氮肥施用是主要环节，2022 年占比为 93.1%，其次是化肥生产。各省份农资投入呈现差异性，从而造成各省份碳足迹和氮足迹具有明显的空间差异性，其中，浙江、安徽和福建单位面积碳足迹均较高，浙江、安徽和广西单位面积氮足迹较高。由此可见，减少稻田甲烷排放和氮肥施用是降低稻田碳氮足迹的关键。同时，关注早籼稻主产区和非主产区的种植情况，因地制宜管理是未来减排和环境治理的重点。

2.3.3 中籼稻

2.3.3.1 中籼稻单位面积碳氮足迹

（1）单位面积碳氮足迹时间变化特征

中籼稻单位面积碳氮足迹时间变化特征如图 2-31 所示，2004—2022 年，单位面积碳足迹呈波动降低趋势，其变化范围为 8.03 ~ 8.69 t CO$_2$eq·hm^{-2}。2004—2022 年，单位面积氮足迹总体呈现波动降低趋势，其变化范围为 41.25 ~ 48.00 kg Nr·hm^{-2}，与 2004 年相比，2022 年的单位面积氮足迹降低 14.1%。

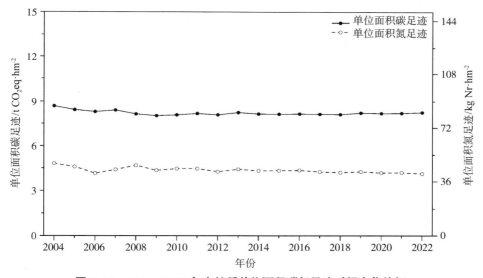

图 2-31　2004—2022 年中籼稻单位面积碳氮足迹时间变化特征

（2）单位面积碳氮足迹空间变化特征

中籼稻单位面积碳氮足迹空间变化特征如图 2-32 所示，其单位面积碳足迹变化范围为 4.66 ~ 13.48 t CO$_2$eq·hm^{-2}，单位面积氮足迹变化范围为 30.84 ~ 66.91 kg Nr·hm^{-2}。江苏、安徽、湖北、湖南和四川是中籼稻种植大省，而福建、贵州和重庆单位面积碳足迹位列前 3，其单位面积碳足迹分别为 13.49 t CO$_2$eq·hm^{-2}、10.31 t CO$_2$eq·hm^{-2}、9.86 t CO$_2$eq·hm^{-2}，江苏、广西和河南单位面积氮足迹位列前 3，分别为 66.91 kg Nr·hm^{-2}、49.72 kg Nr·hm^{-2}、45.20 kg Nr·hm^{-2}。江苏单位面积氮足迹高，可能是由于其作为中籼稻主产区，氮肥施用量高。河南和云南单位面积碳足迹较低，福建和重庆单位面积氮足迹较低。

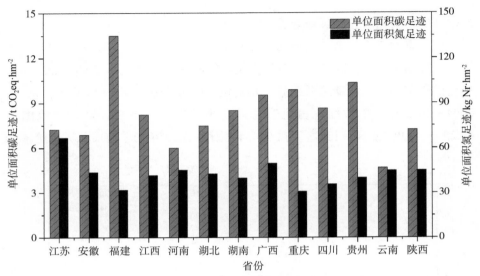

图 2-32　2022 年中籼稻碳氮足迹空间变化特征

2.3.3.2　中籼稻单位产量碳氮足迹

（1）单位产量碳氮足迹时间变化特征

单位产量碳氮足迹时间变化特征如图 2-33 所示，2004—2022 年，单位产量碳足迹和单位产量氮足迹时间变化趋势较为相似，均呈波动下降趋势，其变化范围分别为 0.99 ~ 1.25 kg CO_2eq · kg^{-1} 和 5.18 ~ 6.33 g Nr · kg^{-1}。与 2004 年相比，2022 年单位产量碳足迹和单位产量氮足迹分别降低 4.90% 和 14.50%。

（2）单位产量碳氮足迹空间变化特征

中籼稻单位产量碳氮足迹空间变化特征如图 2-34 所示，各省单位产量碳足迹变化范围为 0.64 ~ 1.76 kg CO_2eq · kg^{-1}，单位产量氮足迹变化范围为 4.17 ~ 7.49 g Nr · kg^{-1}。江苏、安徽、湖北、湖南和四川是中籼稻种植大省，其单位面积碳足迹处于全国中间水平，而福建、贵州和重庆单位产量碳足迹较高，分别为 1.76 kg CO_2eq · kg^{-1}、1.41 kg CO_2eq · kg^{-1}、1.39 kg CO_2eq · kg^{-1}，江苏、广西和云南单位产量氮足迹位于前 3，分别为 7.49 g Nr · kg^{-1}、7.08 g Nr · kg^{-1}、6.15 g Nr · kg^{-1}。

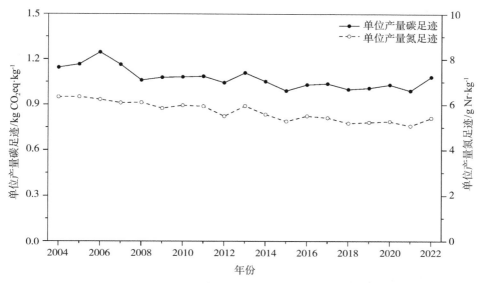

图 2-33 2004—2022 年中籼稻单位产量碳氮足迹时间变化特征

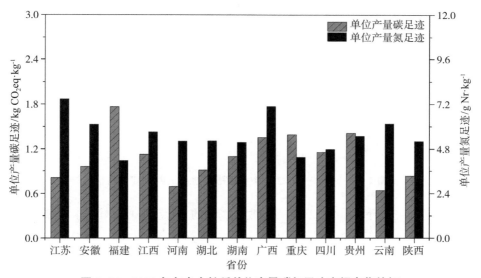

图 2-34 2022 年各省中籼稻单位产量碳氮足迹空间变化特征

2.3.3.3 中籼稻碳氮足迹构成

（1）碳足迹构成

2004—2022 年中籼稻碳足迹构成时间变化特征如图 2-35 所示，其碳足迹构成表现为甲烷排放（76.9%）＞化肥生产（16.4%）＞灌溉用电

（2.0%）>机械燃油（1.7%）>氮肥施用（1.5%）>农膜生产（1.1%）>农药生产（0.4%）。2004—2022年，甲烷排放占比范围为76.2%～77.8%；化肥生产碳足迹占比范围为15.3%～17.6%，占比降低2.3%；氮肥施用所占比例为1.4%～1.6%；灌溉用电所占比例为1.4%～2.6%，呈增加趋势；农药生产和机械燃油所占比例分别为0.1%～0.5%和0.3%～3.0%；农膜生产占比0.8%～1.2%。

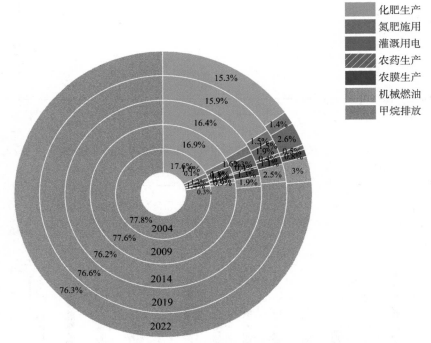

图 2-35　2004—2022 年中籼稻碳足迹构成时间变化特征

如图 2-36 所示，2022 年，化肥生产的碳足迹中，江苏最高，为 0.22 t CO$_2$eq·hm^{-2}；氮肥施用的碳足迹中，江苏最高，为 0.02 t CO$_2$eq·hm^{-2}；灌溉用电的碳足迹中，安徽最高，为 0.03 t CO$_2$eq·hm^{-2}；农药生产的碳足迹中，浙江最高，为 1.2 t CO$_2$eq·hm^{-2}；机械燃油的碳足迹中，广西最高，为 0.05 t CO$_2$eq·hm^{-2}；甲烷排放中，福建最高，为 1.49 t CO$_2$eq·hm^{-2}。

（2）氮足迹构成

2004—2022 年中籼稻氮足迹构成时间变化特征如图 2-37 所示，其氮足迹构成表现为氮肥施用（89.8%）>化肥生产（8.3%）>机械燃油（0.8%）>

图 2-36　2022 年各省中籼稻碳足迹构成空间变化特征

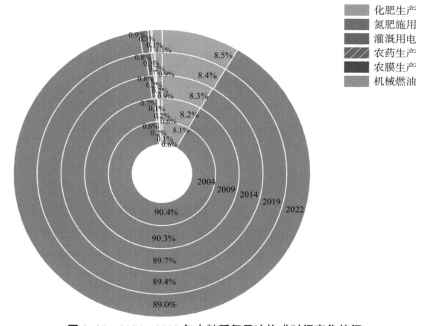

图 2-37　2004—2022 年中籼稻氮足迹构成时间变化特征

灌溉用电（0.7%）＞农药生产（0.2%）＞农膜生产（0.2%）。2004—
2022年，化肥生产氮足迹占比范围为8.1%～8.5%；氮肥施用所占比例为
89.0%～90.4%；灌溉用电所占比例为0.6%～0.9%；机械燃油所占比例为
0.6%～1.1%；农膜生产和农药生产占比较低。

如图2-38所示，2022年，化肥生产的氮足迹中，江苏最高，为
5.23 g Nr·kg^{-1}；氮肥施用的氮足迹中，江苏最高，为59.71 g Nr·kg^{-1}；灌
溉用电的氮足迹中，河南最高，为1.64 g Nr·kg^{-1}；农药生产的氮足迹
中，湖北最高，为0.20 g Nr·kg^{-1}。机械燃油的氮足迹中，湖南最高，为
1.71 g Nr·kg^{-1}。

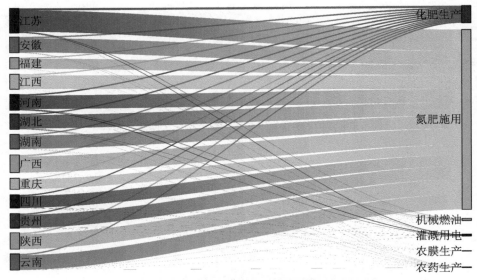

图2-38　2022年各省中籼稻氮足迹构成空间变化特征

2.3.3.4　小结

基于中籼稻碳氮足迹时间特征和空间特征分析，得出如下结论。

从时间维度看，2004—2022年单位面积碳氮足迹和单位产量碳氮足迹均
呈波动降低趋势，主要是由于水稻总产和单产呈现增加趋势，而氮肥施用呈
降低趋势，进而造成碳氮足迹呈波动下降趋势。2022年我国中籼稻单位面积
碳足迹为8.26 t CO$_2$eq·hm^{-2}，单位面积氮足迹为41.25 kg Nr·hm^{-2}。中籼稻
种植过程中，甲烷是碳足迹的主要构成，2022年占比为76.3%；氮足迹构成
中，氮肥施用是主要的环节，2022年占比为89.0%。由于各省份农资投入呈
现差异性，从而造成各省份碳足迹和氮足迹具有明显的空间差异性，其中，

福建、贵州和重庆单位面积碳足迹较高，江苏、广西和云南单位产量氮足迹较高，主要是由于中籼稻高产区域（江苏）氮肥施用高于低产区域（福建、贵州、云南），而低产区域（福建、贵州、云南）甲烷排放较大，因此造成单位面积碳足迹较高。由此可见，减少稻田甲烷排放和氮肥施用是减少稻田碳氮足迹的关键。

2.3.4 晚籼稻

2.3.4.1 晚籼稻单位面积碳氮足迹

（1）单位面积碳氮足迹时间变化特征

晚籼稻单位面积碳氮足迹时间变化特征如图 2-39 所示，2004—2022 年，单位面积碳足迹呈波动增加趋势，其变化范围为 8.20 ～ 8.65 t CO_2eq · hm^{-2}，与 2004 年相比，2022 年的单位面积碳足迹增加了 5.5%。2004—2022 年，单位面积氮足迹总体呈现波动降低趋势，其变化范围为 60.55 ～ 67.13 kg Nr · hm^{-2}，与 2004 年相比，2022 年的单位面积氮足迹降低了 7.45%。

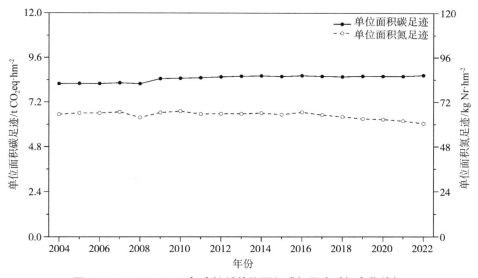

图 2-39　2004—2022 年晚籼稻单位面积碳氮足迹时间变化特征

（2）单位面积碳氮足迹空间变化特征

晚籼稻单位面积碳氮足迹空间变化特征如图 2-40 所示，江西、湖北、广东、广西为晚籼稻的主产区，其单位面积碳足迹处于全国中间水平，而浙江、福建和安徽单位面积碳足迹位列前 3，其单位面积碳足迹分别为

10.52 t CO$_2$eq·hm^{-2}、10.03 t CO$_2$eq·hm^{-2} 和 9.82 t CO$_2$eq·hm^{-2}，安徽、浙江和江西单位面积氮足迹位列前 3，分别为 83.21 kg Nr·hm^{-2}、73.45 kg Nr·hm^{-2} 和 67.26 kg Nr·hm^{-2}。湖南和海南单位面积碳足迹较低，福建和湖南单位面积氮足迹较低。

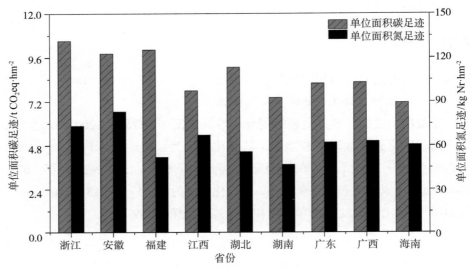

图 2-40 2022 年晚籼稻单位面积碳氮足迹空间变化特征

2.3.4.2 晚籼稻单位产量碳氮足迹

（1）单位产量碳氮足迹时间变化特征

晚籼稻单位产量碳氮足迹时间变化特征如图 2-41 所示，2004—2022 年，单位产量碳足迹和单位产量氮足迹时间变化趋势较为相似，均呈波动下降趋势，其变化范围分别为 1.30 ~ 1.42 kg CO$_2$eq·kg^{-1} 和 9.37 ~ 11.61 g Nr·kg^{-1}。与 2004 年相比，2022 年的单位产量碳足迹和单位产量氮足迹分别降低 2.63% 和 14.60%。

（2）单位产量碳氮足迹空间变化特征

晚籼稻单位产量碳氮足迹空间变化特征如图 2-42 所示，江西、湖北、广东、广西为晚籼稻的主产区，江西和广西单位产量碳足迹处于全国中间水平，而海南、浙江和广东单位产量碳足迹较高，分别为 1.51 kg CO$_2$eq·kg^{-1}、1.46 kg CO$_2$eq·kg^{-1} 和 1.38 kg CO$_2$eq·kg^{-1}，海南、安徽和广东单位产量氮足迹位于前 3，分别为 12.86 g Nr·kg^{-1}、11.42 g Nr·kg^{-1} 和 10.51 g Nr·kg^{-1}。

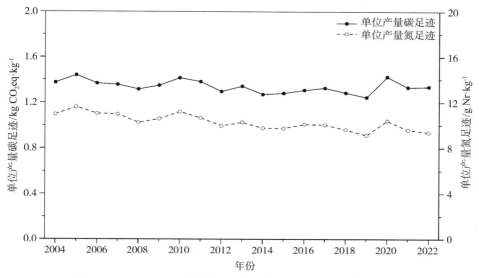

图 2-41　2004—2022 年晚籼稻单位产量碳氮足迹时间变化特征

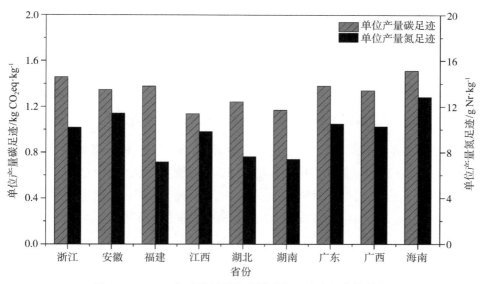

图 2-42　2022 年晚籼稻单位产量碳氮足迹空间变化特征

2.3.4.3　晚籼稻碳氮足迹构成

（1）碳足迹构成

2004—2022 年晚籼稻碳足迹构成时间变化特征如图 2-43 所示，其碳足迹构成表现为甲烷排放（78.5%）＞化肥生产（15.5%）＞机械燃油（2.2%）＞

灌溉用电（1.70%）＞氮肥施用（1.4%）＞农药生产（0.6%）＞农膜生产（0.2%）。2004—2022 年，甲烷占比范围为 77.7%～79.7%；化肥生产碳足迹占比范围为 14.2%～16.3%；氮肥施用所占比例为 1.3%～1.5%；灌溉用电所占比例为 1.3%～2.2%；农药生产和机械燃油所占比例分别为 0.3%～0.8% 和 0.5%～3.7%；农膜生产占比较低。

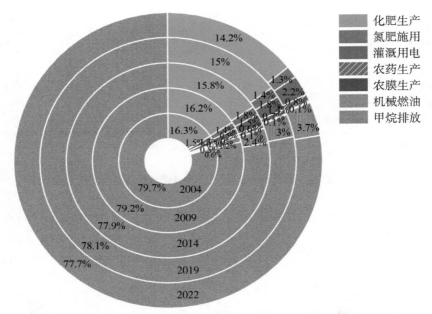

图 2-43　2004—2022 年晚籼稻碳足迹构成时间变化特征

如图 2-44 所示，2022 年，化肥生产的碳足迹中，海南最高，为 0.26 t CO$_2$eq · hm^{-2}；氮肥施用的碳足迹中，海南最高，为 0.02 t CO$_2$eq · hm^{-2}；灌溉用电的碳足迹中，海南最高，为 0.03 t CO$_2$eq · hm^{-2}；农药生产的碳足迹中，浙江最高，为 0.013 t CO$_2$eq · hm^{-2}；机械燃油的碳足迹中，海南最高，为 0.068 t CO$_2$eq · hm^{-2}；甲烷排放中，浙江占比最高，为 1.11 t CO$_2$eq · hm^{-2}。

（2）氮足迹构成

2004—2022 年晚籼稻氮足迹构成时间变化特征如图 2-45 所示，其氮足迹构成表现为氮肥施用（93.4%）＞化肥生产（5.6%）＞灌溉用电（0.4%）＞机械燃油（0.3%）＞农药生产（0.2%）＞农膜生产（0.2%）。2004—2022 年，化肥生产氮足迹占比范围为 5.5%～5.8%；氮肥施用所占比例为 92.9%～94.0%；灌溉用电所占比例为 0.3%～0.4%；机械燃油所占比例为 0.1%～0.6%；农膜生产和农药生产占比较低。

图 2-44   2022 年晚籼稻碳足迹构成空间变化特征

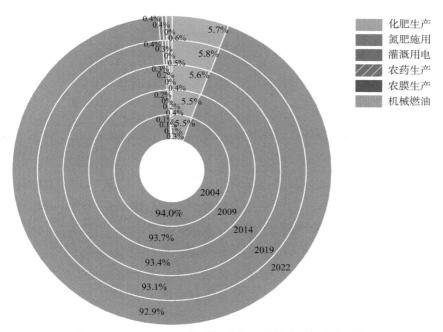

图 2-45   2004—2022 年晚籼稻氮足迹构成时间变化特征

如图 2-46 所示，晚籼稻种植区的地形和气候条件不同，使得各种农资投入量存在很大差别，导致各地区的氮足迹构成差异较大。2022 年，化肥生产的氮足迹中，安徽最高，为 4.66 g Nr·kg^{-1}；氮肥施用的氮足迹中，安徽最高，为 75.86 g Nr·kg^{-1}；灌溉用电的氮足迹中，安徽最高，为 1.3 g Nr·kg^{-1}；农药生产的氮足迹中，浙江最高，为 0.30 g Nr·kg^{-1}，机械燃油的氮足迹中，浙江最高，为 0.42 g Nr·kg^{-1}。

图 2-46　2022 年晚籼稻氮足迹构成空间变化特征

2.3.4.4　小结

基于晚籼稻碳氮足迹时间特征和空间特征分析，得出如下结论。

从时间维度看，2004—2022 年单位面积碳足迹呈波动变化趋势，而单位面积氮足迹和单位产量碳氮足迹均呈波动降低趋势。2004—2022 年种植面积较为稳定，但水稻总产和单产呈现增加趋势，进而造成单位产量碳氮足迹呈波动下降趋势。2022 年我国晚籼稻单位面积碳足迹为 8.65 t CO$_2$eq·hm^{-2}，单位面积氮足迹为 60.55 kg Nr·hm^{-2}。晚籼稻种植过程中，甲烷是碳足迹的主要构成，2022 年占比为 77.7%；氮足迹构成中，氮肥施用是主要环节，2022 年占比为 92.9%。各省份碳足迹和氮足迹具有明显的空间差异性，浙江、安徽和福建单位面积碳足迹均较高，安徽、浙江和江西单位面积氮足迹较高，主要是由于晚籼稻高产区域（广西）甲烷排放和氮肥施用低于低产区域（浙江、安徽和福建）。由此可见，减少稻田甲烷排放和氮肥施用是减少稻田碳氮足迹的关键。

2.3.5　粳稻

2.3.5.1　粳稻单位面积碳氮足迹

（1）单位面积碳氮足迹时间变化特征

粳稻单位面积碳氮足迹时间变化特征如图 2-47 所示，2004—2022 年，单位面积碳足迹呈波动变化趋势，其变化范围为 6.36 ~ 7.39 t CO_2eq·hm^{-2}。2004—2022 年，单位面积氮足迹总体呈现波动降低趋势，其变化范围为 54.14 ~ 60.45 kg Nr·hm^{-2}，与 2004 年相比，2022 年的单位面积氮足迹降低 10.44%。

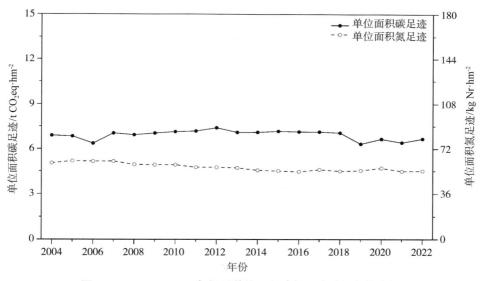

图 2-47　2004—2022 年粳稻单位面积碳氮足迹时间变化特征

（2）单位面积碳氮足迹空间变化特征

粳稻单位面积碳氮足迹空间变化特征如图 2-48 所示，浙江、宁夏和江苏单位面积碳足迹位列前 3，其单位面积碳足迹分别为 10.86 t CO_2eq·hm^{-2}、10.34 t CO_2eq·hm^{-2} 和 9.33 t CO_2eq·hm^{-2}，江苏、山东和宁夏单位面积氮足迹位列前 3，分别为 89.55 kg Nr·hm^{-2}、82.76 kg Nr·hm^{-2} 和 78.80 kg Nr·hm^{-2}。吉林和内蒙古单位面积碳足迹较低，吉林和黑龙江单位面积氮足迹较低。黑龙江和江苏为粳稻主产区，而江苏单位面积碳氮足迹位于前列，因此，应重点关注江苏地区粳稻种植碳氮足迹排放情况。

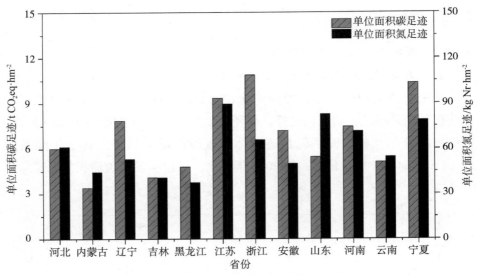

图 2-48　2022 年粳稻单位面积碳氮足迹空间变化特征

2.3.5.2　粳稻单位产量碳氮足迹

（1）单位产量碳氮足迹时间变化特征

粳稻单位产量碳氮足迹时间变化特征如图 2-49 所示，2004—2022 年，单位产量碳足迹和单位产量氮足迹时间变化趋势较为相似，均呈波动下降趋势，其变化范围分别为 0.77 ~ 0.94 kg CO_2eq·kg^{-1} 和 6.42 ~ 8.52 g Nr·kg^{-1}。与 2004 年相比，2022 年单位产量碳足迹和单位产量氮足迹分别降低 10.8% 和 17.4%。

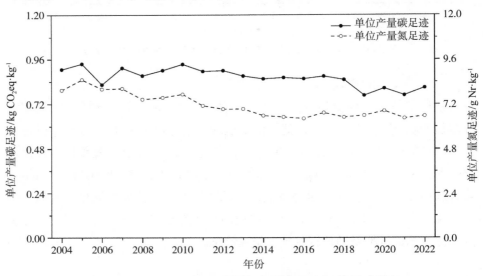

图 2-49　2004—2022 年粳稻单位产量碳氮足迹时间变化特征

（2）单位产量碳氮足迹空间变化特征

粳稻单位产量碳足迹和单位产量氮足迹空间变化特征如图 2-50 所示，浙江、宁夏和江苏单位产量碳足迹较高，分别为 1.44 kg CO$_2$eq · kg^{-1}，1.25 kg CO$_2$eq · kg^{-1} 和 1.09 kg CO$_2$eq · kg^{-1}、江苏、河南和宁夏单位产量氮足迹位于前 3，分别为 10.49 g Nr · kg^{-1}、9.71 g Nr · kg^{-1} 和 9.56 g Nr · kg^{-1}。黑龙江和江苏为粳稻主产区，而江苏单位产量碳氮足迹位于前列，因此，应重点关注江苏地区粳稻种植碳氮足迹排放情况。

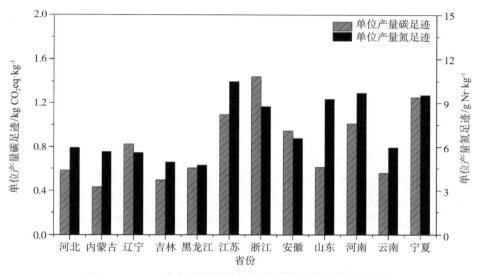

图 2-50　2022 年各省粳稻单位产量碳氮足迹空间变化特征

2.3.5.3　粳稻碳氮足迹构成

（1）碳足迹构成

2004—2022 年粳稻碳足迹构成时间变化特征如图 2-51 所示，其碳足迹构成表现为甲烷排放（55.9%）>化肥生产（24.0%）>灌溉用电（10.0%）>氮肥施用（4.2%）>机械燃油（2.7%）>农膜生产（2.5%）>农药生产（0.7%）。2004—2022 年，甲烷占比范围为 53.7% ～ 57.6%；化肥生产碳足迹占比范围为 17.9% ～ 29.7%；氮肥施用所占比例为 3.0% ～ 5.0%；灌溉用电所占比例为 7.2% ～ 13.2%，呈增加趋势；农药生产和机械燃油所占比例分别为 0.3% ～ 1.0% 和 0.8% ～ 3.9%；农膜生产占比 2.2% ～ 2.6%。

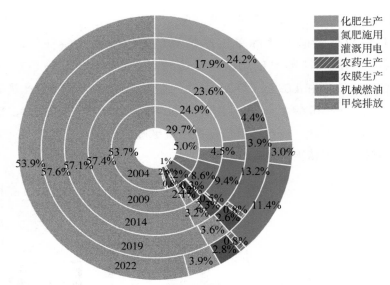

图 2-51　2004—2022 年粳稻碳足迹构成时间变化特征

如图 2-52 所示，2022 年，化肥生产的碳足迹中，江苏最高，为 0.30 t CO_2eq·hm^{-2}；氮肥施用的碳足迹中，江苏最高，为 0.038 t CO_2eq·hm^{-2}；灌溉用电的碳足迹中，河北最高，为 0.017 t CO_2eq·hm^{-2}；农药生产的碳足迹中，浙江最高，为 0.016 t CO_2eq·hm^{-2}。机械燃油的碳足迹中，安徽最高，为 0.05 t CO_2eq·hm^{-2}。甲烷排放中，浙江占比最高，为 1.02 t CO_2eq·hm^{-2}。

图 2-52　2022 年粳稻碳足迹构成空间变化特征

（2）氮足迹构成

2004—2022 年粳稻氮足迹构成时间变化特征如图 2-53 所示，其氮足迹构成表现为氮肥施用（90.1%）＞化肥生产（8.1%）＞灌溉用电（1.0%）＞机械燃油（0.4%）＞农药生产（0.2%）＞农膜生产（0.2%）。2004—2022 年，化肥生产氮足迹占比范围为 7.9%～8.2%；氮肥施用所占比例为 89.4%～90.9%；灌溉用电所占比例为 0.8%～1.2%；机械燃油所占比例分别为 0.1%～0.6%；农膜生产和农药生产占比较低。

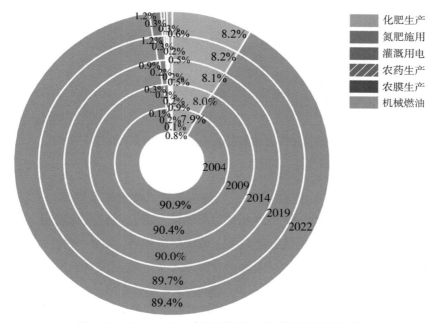

图 2-53　2004—2022 年粳稻氮足迹构成时间变化特征

粳稻种植区的地形和气候条件不同，使得各种农资投入量存在很大差别，导致各地区的氮足迹构成差异较大。如图 2-54 所示，2022 年，化肥生产的氮足迹中，江苏最高，为 7.05 g Nr·kg^{-1}；氮肥施用的氮足迹中，江苏最高，为 79.39 g Nr·kg^{-1}；灌溉用电的氮足迹中，河北最高，为 1.53 g Nr·kg^{-1}；农药生产的氮足迹中，浙江最高，为 0.39 g Nr·kg^{-1}。机械燃油的氮足迹中，安徽最高，为 0.46 g Nr·kg^{-1}。

图 2-54　2022 年粳稻氮足迹构成空间变化特征

2.3.5.4　小结

基于粳稻碳氮足迹时间特征和空间特征分析，得出如下结论。

从时间维度看，2004—2022 年单位面积碳足迹呈波动变化趋势，而单位面积氮足迹和单位产量碳氮足迹均呈波动降低的趋势。2004—2022 年水稻总产和单产呈现增加趋势，而氮肥施用呈降低趋势，进而造成碳氮足迹呈波动下降趋势。2022 年我国粳稻单位面积碳足迹为 6.67 t CO_2eq·hm^{-2}，单位面积氮足迹为 54.14 kg Nr·hm^{-2}。粳稻种植过程中，甲烷是碳足迹的主要构成，2022 年占比为 53.9%；氮足迹构成中，氮肥施用是主要环节，2022 年占比为 89.4%。各省份碳足迹和氮足迹具有明显的空间差异性，浙江、宁夏和江苏单位面积碳足迹较高，江苏、山东和宁夏单位面积氮足迹较高，主要是由于宁夏粳稻甲烷排放和氮肥施用高于黑龙江、吉林、云南等地。由此可见，减少稻田甲烷排放和氮肥施用是减少稻田碳氮足迹的关键。同时，关注粳稻主产区和非主产区的种植情况，因地制宜管理是未来减排和环境治理的重点。

3 油料作物碳氮足迹

3.1 花生

花生含有丰富的油脂和蛋白质，是我国重要的食用植物油来源和休闲食品，花生生产对于保障国家食用植物油安全具有重要的战略意义和现实意义。在我国大宗油料作物中，花生是产油效率最高的作物，其单位面积的产油量相当于大豆的 4 倍、油菜的 2 倍（郝西 等，2017）。2022 年，我国花生种植面积 4 683.80×10³ hm²，产量 1 832.90×10⁴ t，榨油和食用各约一半。我国高度重视花生产业发展和食用植物油供应安全问题，《"十四五"全国种植业发展规划》中提出，到 2025 年，花生面积达到 5 000×10³ hm²，产量达到 1 900×10⁴ t 以上。

花生是一种喜温、喜光、较耐旱、耐瘠的豆科作物，能够进行根瘤固氮，固氮量达 $37.5 \sim 75.0 \ kg \cdot hm^{-2}$，可满足其自身氮需要量的 40%～50%（Wu et al.，2016）。近年来，随着花生市场价格的不断攀升，花生的肥料投入量不断增加，在提高产量的同时导致养分利用率低、温室气体排放增加等突出问题。同时，氮肥的不合理施用导致大量的氮素不能被作物吸收利用，而以活性氮的形式释放到大气、水体等环境中，既降低氮肥利用率又引起环境污染。因此，明确花生生产各环节的碳足迹和氮足迹，可为确定适合当地生态条件的绿色高产种植模式提供依据，有助于推进我国花生产业的绿色低碳发展。

3.1.1 花生基本特征

3.1.1.1 花生总产、种植面积和单产时间变化特征

如图 3-1 所示，2004—2022 年，我国花生生产呈现先降低后升高的变化趋势。总产从 2004 年的 1 434.18×10⁴ t 下降至 2007 年的 1 302.75×10⁴ t，下

降幅度为 9.16%；种植面积从 2004 年的 4 745.10×10³ hm² 下降至 2007 年的 3 944.80×10³ hm²，下降幅度为 16.87%；单产从 2004 年的 3.02 t·hm⁻² 上升至 2007 年的 3.30 t·hm⁻²，上升幅度为 9.27%。总产从 2008 年的 1 428.61×10⁴ t 上升至 2013 年的 1 697.22×10⁴ t，上升幅度为 18.80%；种植面积从 2008 年的 4 245.80×10³ hm² 上升至 2013 年的 4 633.00×10³ hm²，上升幅度为 9.12%；单产从 2008 年的 3.36 t·hm⁻² 提高至 2013 年的 3.66 t·hm⁻²，上升幅度为 8.87%。2014 年以来，花生总产、种植面积和单产总体上均呈上升趋势。总产从 2014 年的 1 648.17×10⁴ t 上升至 2022 年的 1 832.90×10⁴ t，上升幅度为 11.21%；种植面积从 2014 年的 4 603.90×10³ hm² 上升至 2022 年的 4 683.80×10³ hm²，上升幅度为 1.74%；单产从 2014 年的 3.58 t·hm⁻² 上升至 2022 年的 3.91 t·hm⁻²，上升幅度为 9.31%。

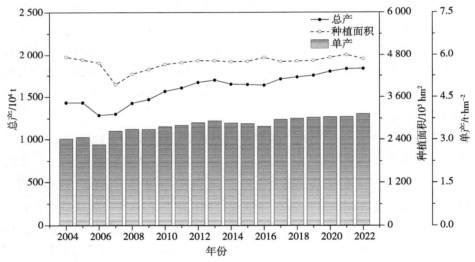

图 3-1　2004—2022 年花生总产、种植面积和单产时间变化特征

3.1.1.2　花生总产、种植面积和单产空间变化特征

如图 3-2 所示，作为我国主要油料作物，花生在全国 13 个省份均有种植，其中，河南和山东是我国花生的两大主产区。花生属喜温作物，对温度条件要求高，而河南、山东正处于东部季风区，雨热同期。一方面河南、山东地处华北平原，地形较为平缓，适合大面积种植；另一方面土层深厚且土壤多为沙壤土，因此，河南、山东有种植花生的自然区位优势。2022 年，总产方面，河南和山东分别为 615.40×10⁴ t 和 270.10×10⁴ t，分别占全国总产

的 33.58% 和 14.74%；种植面积方面，河南和山东分别为 1 287.10×10⁴ hm² 和 609.80×10³ hm²，分别占全国总种植面积的 27.48% 和 13.02%。总产和种植面积最低的是福建，分别为 22.40×10⁴ t 和 74.20×10³ hm²。从单产来看，各产区之间差异较大，最高的为安徽，达到 4.96 t·hm⁻²；其次是河南和山东，分别为 4.78 t·hm⁻² 和 4.43 t·hm⁻²；最低的是四川和湖南，分别为 2.66 t·hm⁻² 和 2.69 t·hm⁻²。

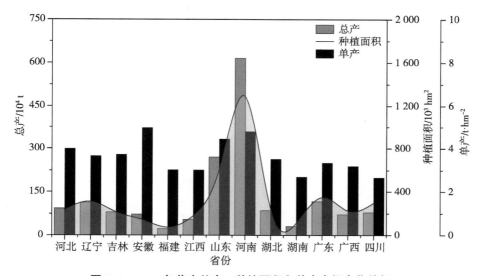

图 3-2　2022 年花生总产、种植面积和单产空间变化特征

3.1.2　花生单位面积碳氮足迹

3.1.2.1　单位面积碳氮足迹时间变化特征

如图 3-3 所示，2004—2022 年，单位面积碳足迹平均值为 1.78 t CO₂eq·hm⁻²，总体呈波动上升趋势；最小值出现在 2004 年，为 1.54 t CO₂eq·hm⁻²；最大值出现在 2022 年，为 1.91 t CO₂eq·hm⁻²。2004—2022 年，单位面积氮足迹平均值为 29.16 kg Nr·hm⁻²，总体呈波动上升趋势；最小值出现在 2004 年，为 24.04 kg Nr·hm⁻²；最大值出现在 2022 年，为 32.45 kg Nr·hm⁻²。

3.1.2.2　单位面积碳氮足迹空间变化特征

如图 3-4 所示，不同区域的环境、地形和社会经济因素导致不同的农业投入和选择，进而导致碳氮足迹存在明显的区域差异。2022 年，单位面积碳足迹最高的是河北，为 2.75 t CO₂eq·hm⁻²；最低的是湖南，为 0.65 t CO₂eq·hm⁻²；河南和山东作为花生两大主产区，其单位面积碳足迹分别为 2.63 t CO_2eq · hm^{-2} 和 2.29 t CO_2eq · hm^{-2}。单位面积氮足迹分布与单位面积碳足迹分布有所不同，最高的是河南，为 45.55 kg Nr · hm^{-2}；其次是安徽，为 40.50 kg Nr · hm^{-2}；最低值出现在湖南，为 11.59 kg Nr · hm^{-2}；作为产量与种植面积居全国第 2 位的山东，其单位面积氮足迹为 35.07 kg Nr · hm^{-2}。

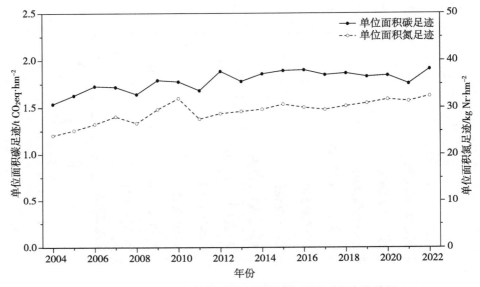

图 3-3　2004—2022 年花生单位面积碳氮足迹时间变化特征

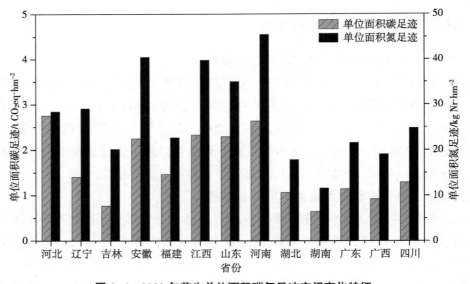

图 3-4　2022 年花生单位面积碳氮足迹空间变化特征

3.1.3 花生单位产量碳氮足迹

3.1.3.1 单位产量碳氮足迹时间变化特征

如图 3-5 所示，2004—2022 年，单位产量碳足迹平均值为 0.51 kg CO_2eq · kg^{-1}，总体呈波动下降趋势；最大值出现在 2006 年，为 0.61 kg CO_2eq · kg^{-1}；最小值出现在 2021 年，为 0.46 kg CO_2eq · kg^{-1}。2004—2022 年，单位产量氮足迹平均值为 8.34 g Nr · kg^{-1}，波动变化较大，最大值出现在 2006 年，为 9.38 g Nr · kg^{-1}；最小值出现在 2011 年，为 7.87 g Nr · kg^{-1}。

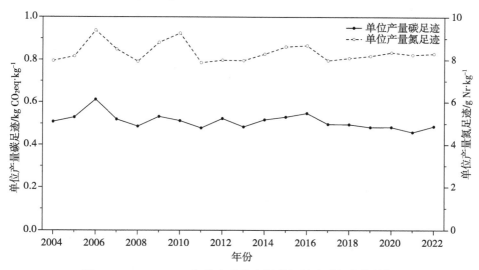

图 3-5　2004—2022 年花生单位产量碳氮足迹时间变化特征

3.1.3.2 单位产量碳氮足迹空间变化特征

如图 3-6 所示，2022 年，我国不同省份之间花生生产的单位产量碳氮足迹差异显著。其中，单位产量碳足迹最高的是江西，为 0.77 kg CO_2eq · kg^{-1}；其次是河北，为 0.69 kg CO_2eq · kg^{-1}；最低的 3 个省份是吉林、湖南和广西，分别为 0.21 kg CO_2eq · kg^{-1}、0.24 kg CO_2eq · kg^{-1} 和 0.29 kg CO_2eq · kg^{-1}；河南和山东作为花生的两大主产区，其单位产量碳足迹分别为 0.55 kg CO_2eq · kg^{-1} 和 0.52 kg CO_2eq · kg^{-1}。单位产量氮足迹分布与单位产量碳足迹分布略有不同，最高的是江西，为 13.19 g Nr · kg^{-1}；其次是河南和四川，分别为 9.53 g Nr · kg^{-1} 和 9.34 g Nr · kg^{-1}；最低值出现在湖南，为 4.30 g Nr · kg^{-1}；作为产量与种植面积居全国第 2 位的山东，其单位产量氮足迹为 7.92 g Nr · kg^{-1}。

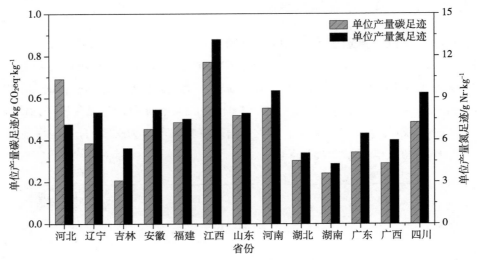

图 3-6　2022 年花生单位产量碳氮足迹空间变化特征

3.1.4　花生碳氮足迹构成

3.1.4.1　碳足迹构成

如图 3-7 所示，花生碳足迹构成表现为氮肥施用＞化肥生产＞农膜生产＞灌溉用电＞机械燃油＞农药生产。2004—2022 年，化肥生产的碳足迹占比呈现明显下降趋势，由 2004 年的 42.3% 降至 2022 年的 24.4%；氮肥施用所占比例变化较小，为 40.9%～43.8%；灌溉用电所占比例呈波动变化，为 8.3%～14.9%；农药生产和机械燃油所占比例均有所上升，分别从 2004 年的 0.6% 和 1.2% 增至 2022 年的 2.3% 和 6.3%；农膜生产所占比例略有降低，由 2004 年的 15.0% 降至 2022 年的 10.3%。

我国花生种植区的地形和气候条件不同，使得各种农资投入量存在很大差异，导致各地区的碳足迹构成差异较大。如图 3-8 所示，2022 年，化肥生产的碳足迹中，江西最高，为 827.30 kg CO_2eq·hm^{-2}，低产的福建和湖南分别为 526.34 kg CO_2eq·hm^{-2} 和 45.86 kg CO_2eq·hm^{-2}；高产的河南和山东分别为 771.78 kg CO_2eq·hm^{-2} 和 215.95 kg CO_2eq·hm^{-2}。氮肥施用的碳足迹中，河南最高，为 1 175.60 kg CO_2eq·hm^{-2}，山东为 896.00 kg CO_2eq·hm^{-2}，福建和湖南分别为 617.82 kg CO_2eq·hm^{-2} 和 442.83 kg CO_2eq·hm^{-2}；灌溉用电的碳足迹中，河北最高，为 730.08 kg CO_2eq·hm^{-2}，河南和山东分别为 519.70 kg CO_2eq·hm^{-2} 和 178.01 kg CO_2eq·hm^{-2}；农药生产的碳足迹中，

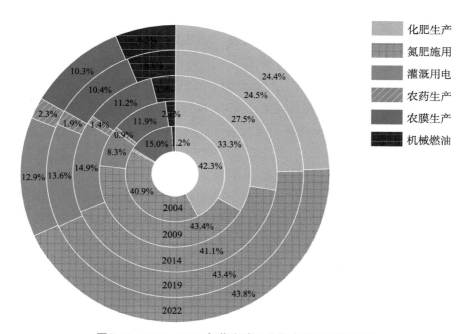

图3-7　2004—2022年花生碳足迹构成时间变化特征

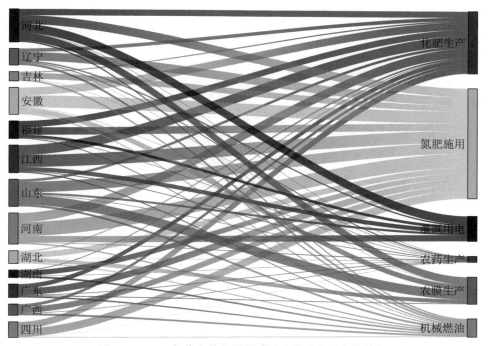

图3-8　2022年花生单位面积碳足迹构成空间变化特征

辽宁最高，为 83.02 kg CO$_2$eq·hm^{-2}，四川最低，为 9.39 kg CO$_2$eq·hm^{-2}，河南和山东分别为 58.40 kg CO$_2$eq·hm^{-2} 和 40.10 kg CO$_2$eq·hm^{-2}；农膜生产的碳足迹中，山东最高，为 792.01 kg CO$_2$eq·hm^{-2}，辽宁最低，为 17.09 kg CO$_2$eq·hm^{-2}；机械燃油的碳足迹中，辽宁最高，为 187.50 kg CO$_2$eq·hm^{-2}，四川最低，为 43.95 kg CO$_2$eq·hm^{-2}，河南和山东分别为 105.83 kg CO$_2$eq·hm^{-2} 和 164.72 kg CO$_2$eq·hm^{-2}。

3.1.4.2 氮足迹构成

如图 3-9 所示，花生的氮足迹主要来自氮肥施用，占比达 88.3% ～ 90.2%，其次是化肥生产，占比 8.9% ～ 9.3%。2004—2022 年，氮肥施用所占比例呈下降变化，而化肥生产占比变化较小；灌溉用电、农药生产、农膜生产和机械燃油占比变化也较小，分别为 0.7% ～ 1.3%、0.1% ～ 0.4%、0.5% ～ 0.8% 和 0.1% ～ 0.5%。

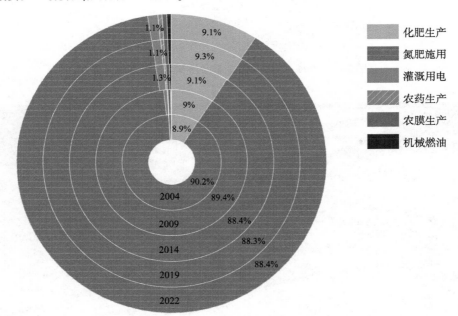

图 3-9　2004—2022 年花生氮足迹构成时间变化特征

如图 3-10 所示，2022 年，氮肥施用的氮足迹中，河南最高，为 40.46 kg Nr·hm^{-2}，其次为安徽和江西，分别为 36.19 kg Nr·hm^{-2} 和 35.47 kg Nr·hm^{-2}，山东为 30.52 kg Nr·hm^{-2}，湖南最低，为 10.43 kg Nr·hm^{-2}。化肥生产的氮足迹中，河南最高，为 4.03 kg Nr·hm^{-2}，湖南最低，为 0.94 kg Nr·hm^{-2}，山东为 3.33 kg Nr·hm^{-2}；灌溉用电、农药生产、机械

燃油的氮足迹中，河南和山东分别为 0.74 kg Nr·hm^{-2}、0.18 kg Nr·hm^{-2}、
0.13 kg Nr·hm^{-2} 和 0.25 kg Nr·hm^{-2}、0.13 kg Nr·hm^{-2}、0.20 kg Nr·hm^{-2}；
农膜生产的氮足迹中，山东最高，为 0.64 kg Nr·hm^{-2}。

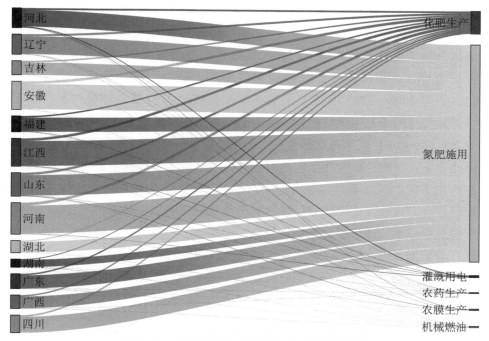

图 3-10　2022 年花生氮足迹构成空间变化特征

3.1.5　小结

2004—2022 年，我国花生生产呈现先降低后升高的变化趋势。其中，总
产和种植面积分别从 2004 年的 1 434.18×10^4 t 和 4 745.10×10^3 hm^2 下降至
2007 年的 1 302.75×10^4 t 和 3 944.80×10^3 hm^2，出现了较大幅度的下降，主
要由于《2004 年国家鼓励农民发展粮食生产的政策措施》稳定粮食面积。
2008 年之后，花生生产开始增长，一方面是由于城乡居民对花生及其加工
制品的消费需求增加；另一方面，从 2010 年开始，农户种植花生能获得良
种补贴（《2010 年花生良种补贴项目实施指导意见》），提高了农户种植花生
的积极性。2014 年之后，花生总产、种植面积和单产总体上均呈上升趋势，
总产从 2014 年的 1 648.17×10^4 t 上升至 2022 年的 1 832.90×10^4 t，种植面
积从 2014 年的 4 603.90×10^3 hm^2 上升至 2022 年的 4 683.80×10^3 hm^2，单产

从 2014 年的 3.58 t·hm^{-2} 上升至 2022 年的 3.91 t·hm^{-2}。从空间分布来看，河南和山东是我国花生的两大主产区，2022 年总产分别为 615.40×10^4 t 和 270.10×10^4 t，种植面积分别为 1 287.10×10^3 hm^2 和 609.80×10^3 hm^2；福建和湖南属于低产区，这主要是由地区的自然区位条件决定的。

2004—2022 年，我国花生单位面积碳氮足迹呈显著增加趋势，主要原因是为了提高花生产量而增加种植过程中的农资投入。农资投入的增加可提高单产，但可能由于气候变化的影响，单位面积产量呈波动上升变化，使得 2004—2022 年我国花生单位产量碳足迹和氮足迹呈波动下降趋势。氮肥施用是花生碳足迹和氮足迹的最大来源，分别占 40.9%～43.8% 和 88.3%～90.2%，其次是化肥生产，分别占 24.4%～42.3% 和 8.9%～9.3%，由此可见，肥料是减少花生生产温室气体和活性氮排放的主要突破口。花生生产在不同地区之间存在巨大差异，包括各地区水热条件、农资投入水平、田间管理方式等，使得碳氮足迹的空间分布差异明显。河南、河北和江西的单位面积和单位产量碳氮足迹均较高，而湖南、吉林和湖北的单位面积和单位产量碳氮足迹均较低。花生高产地区（河南和山东）氮肥施用和农药生产的碳氮足迹均显著高于低产地区（福建和湖南），导致单位面积碳足迹和氮足迹均较高。因此，提高花生生产过程中的肥料利用效率，开展针对花生种植病虫害的绿色防治，同时调整花生生产布局，是降低我国花生生产碳氮足迹和提高单位产量的关键途径。

3.2 油菜

油菜是我国主要的食用植物油和饲料蛋白质来源，在我国食用油市场中具有十分重要的地位。我国是世界油菜生产和消费第一大国，常年种植面积 1 亿亩左右，占油料面积的 50% 以上；油菜产量 1 400×10^4 t 左右，占油料产量近 40%。利用冬闲田扩大油菜种植面积，逐步提高油菜单产和总产，提升菜籽油产能和推动油菜新的绿色革命，对保障我国食用油供给安全意义重大。《"十四五"全国种植业发展规划》中明确提出，到 2025 年，全国油菜播种面积达到 8 000×10^3 hm^2 左右，产量达到 1 800×10^4 t。

油菜是长日照作物，性喜冷凉或较温暖的气候，因地区间气候有差异，各地油菜种植季节不同，因而有冬油菜和春油菜之分。目前，我国油菜产区主要有长江流域冬油菜区、黄淮流域冬油菜区和北方春油菜区。其中，冬油菜区占我国油菜种植面积的 90% 左右，是我国油菜的主产区。油菜需肥量大，对氮、磷、钾的需求量高于一般禾本科作物。随着产量需求的不断增加，其农资投入逐步增加，尤其是氮肥的施用，多地出现过量施氮以及偏施氮肥的现象（徐华丽，2013），从而增加温室气体排放和活性氮损失。因此，分析油菜生产碳氮足迹及其构成的时空动态变化，可为我国油菜的低碳绿色发展提供理论支撑与科学依据。

3.2.1 油菜基本特征

3.2.1.1 油菜总产、种植面积和单产时间变化特征

如图 3-11 所示，2004—2022 年的油菜产量变化与种植面积变化基本保持一致，总体呈"下降—上升—下降—上升"的变化趋势。2007 年油菜总产和种植面积出现了较大幅度的下降。总产从 2004 年的 1 318.17×10⁴ t 下降至 2007 年的 1 057.26×10⁴ t，下降幅度为 19.79%；种植面积从 2004 年的 7 271.40×10³ hm² 下降至 2007 年的 5 642.20×10³ hm²，下降幅度为 22.41%；单产从 2004 年的 1.81 t·hm⁻² 下降至 2006 年的 1.59 t·hm⁻²，下降幅度为 12.17%。2008 年之后，油菜生产稳步增加，总产由 2008 年的 1 210.17×10⁴ t 上升至 2015 年的 1 493.07×10⁴ t，上升幅度为 23.38%；种植面积由 2008 年的 6 593.70×10³ hm² 上升至 2014 年的 7 587.90×10³ hm²，上升幅度为 15.08%；单产由 2007 年的 1.87 t·hm⁻² 提高至 2015 年的 1.98 t·hm⁻²，上升幅度为 5.75%。2016 年之后，油菜总产、种植面积和单产总体均呈上升趋势。总产从 2016 年的 1 312.80×10⁴ t 上升至 2022 年的 1 553.10×10⁴ t，上升幅度为 18.30%；种植面积从 2016 年的 6 550.60×10³ hm² 上升至 2022 年的 7 253.50×10³ hm²，上升幅度为 10.73%；单产从 2016 年的 1.79 t·hm⁻² 上升至 2022 年的 2.14 t·hm⁻²，上升幅度为 19.57%。

3.2.1.2 油菜总产、种植面积和单产空间变化特征

如图 3-12 所示，作为我国主要油料作物，油菜在全国 15 个省份均有种植，其中，四川、湖北和湖南是我国油菜的三大主产区。2022 年，总产方面，四川、湖北和湖南分别为 354.10×10⁴ t、274.20×10⁴ t 和 243.80×10⁴ t，分别占全国总产的 22.80%、17.66% 和 15.70%；种植面积方面，四川、湖北和湖南分别为 1 386.60×10³ hm²、1 152.40×10³ hm² 和 1 388.60×10³ hm²，分别占全国总种植面积的 19.12%、15.89% 和 19.14%。总产和种植面积最低的是浙江，分别为 27.30×10⁴ t 和 124.10×10³ hm²。各产区单产水平总体来看差

异较大，单产最高的为江苏，达到 2.95 t · hm^{-2}；其次是河南和四川，分别为 2.61 t · hm^{-2} 和 2.55 t · hm^{-2}；最低的是内蒙古和江西，分别为 1.46 t · hm^{-2} 和 1.51 t · hm^{-2}。

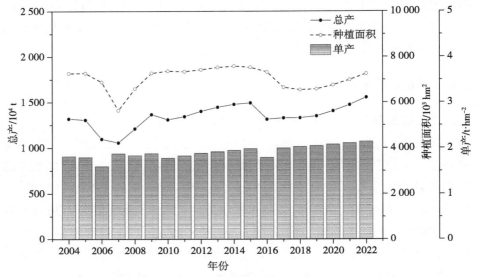

图 3-11 2004—2022 年油菜生产时间变化特征

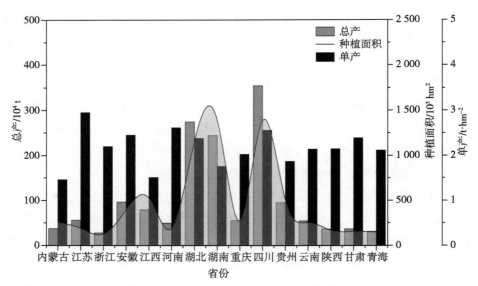

图 3-12 2022 年油菜生产空间变化特征

3.2.2 油菜单位面积碳氮足迹

3.2.2.1 单位面积碳氮足迹时间变化特征

如图 3-13 所示，2004—2022 年，我国油菜单位面积碳足迹平均值为 1.73 t $CO_2eq \cdot hm^{-2}$，总体呈波动下降趋势；最小值出现在 2019 年，为 1.58 t $CO_2eq \cdot hm^{-2}$；最大值出现在 2009 年，为 1.84 t $CO_2eq \cdot hm^{-2}$。2004—2022 年，我国油菜单位面积氮足迹平均值为 28.71 kg Nr $\cdot hm^{-2}$，总体呈波动下降趋势；最小值出现在 2019 年，为 26.98 kg Nr $\cdot hm^{-2}$；最大值出现在 2017 年，为 29.91 kg Nr $\cdot hm^{-2}$。

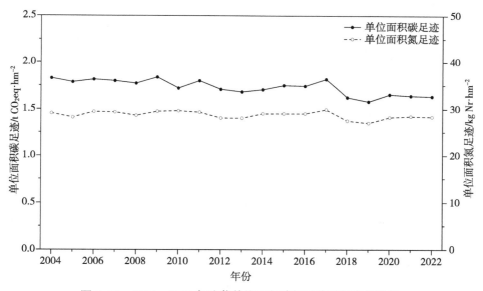

图 3-13　2004—2022 年油菜单位面积碳氮足迹时间变化特征

3.2.2.2 单位面积碳氮足迹空间变化特征

如图 3-14 所示，2022 年我国不同省份之间油菜生产的单位面积碳氮足迹均有较大差异。其中，单位面积碳足迹最高的省份是甘肃，为 3.17 t $CO_2eq \cdot hm^{-2}$；最低的省份是内蒙古，为 0.72 t $CO_2eq \cdot hm^{-2}$；作为油菜总产和种植面积居全国前 3 位的四川、湖北和湖南，其单位面积碳足迹分别为 1.44 t $CO_2eq \cdot hm^{-2}$、1.48 t $CO_2eq \cdot hm^{-2}$ 和 1.75 t $CO_2eq \cdot hm^{-2}$。单位面积氮足迹分布与单位面积碳足迹分布不同，最高的省份是江苏，为 42.92 kg Nr $\cdot hm^{-2}$；其次是陕西，为 38.40 kg Nr $\cdot hm^{-2}$；最低值出现在内蒙古，为 4.66 kg Nr $\cdot hm^{-2}$；四川、湖北和湖南的单位面积氮足迹分别为

27.07 kg Nr·hm^{-2}、27.49 kg Nr·hm^{-2} 和 30.87 kg Nr·hm^{-2}。

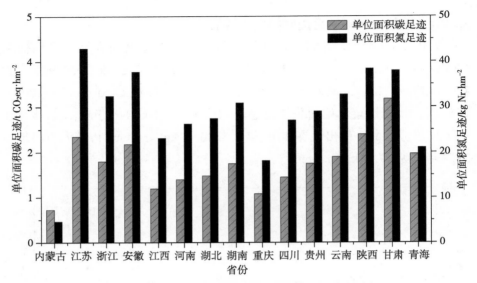

图 3-14　2022 年油菜单位面积碳氮足迹空间变化特征

3.2.3　油菜单位产量碳氮足迹

3.2.3.1　单位产量碳氮足迹时间变化特征

如图 3-15 所示，2004—2022 年，我国油菜单位产量碳足迹平均值为 0.91 kg CO$_2$eq·kg^{-1}，总体呈下降趋势。最大值出现在 2006 年，为 1.14 kg CO$_2$eq·kg^{-1}；最小值出现在 2022 年，为 0.76 kg CO$_2$eq·kg^{-1}。2004—2022 年，我国油菜单位产量氮足迹平均值为 15.12 g Nr·kg^{-1}，总体呈下降趋势，年均下降量为 0.192 g Nr·kg^{-1}；最大值出现在 2006 年，为 18.49 g Nr·kg^{-1}；最小值出现在 2019 年，为 13.17 g Nr·kg^{-1}。

3.2.3.2　单位产量碳氮足迹空间变化特征

如图 3-16 所示，2022 年，我国不同省份之间油菜生产的单位产量碳氮足迹有较大差异。其中，单位产量碳足迹最高的是甘肃，为 1.33 kg CO$_2$eq·kg^{-1}；其次是陕西，为 1.11 kg CO$_2$eq·kg^{-1}；最低的 4 个省份是内蒙古、河南、重庆和四川，分别为 0.50 kg CO$_2$eq·kg^{-1}、0.53 kg CO$_2$eq·kg^{-1}、0.53 kg CO$_2$eq·kg^{-1} 和 0.57 kg CO$_2$eq·kg^{-1}；总产居全国第 2 位的湖北，其单位产量碳足迹为 0.62 kg CO$_2$eq·kg^{-1}，总产居全国第 3 位的湖南，其单位产量碳足迹为 0.99 kg CO$_2$eq·kg^{-1}。单位产量氮足迹分

布与单位产量碳足迹分布不同，最高的省份是陕西，为 17.87 g Nr·kg^{-1}；其次是湖南，为 17.58 g Nr·kg^{-1}；最低值出现在内蒙古，为 3.20 g Nr·kg^{-1}；四川和湖北的单位产量氮足迹分别为 10.60 g Nr·kg^{-1} 和 11.55 g Nr·kg^{-1}。

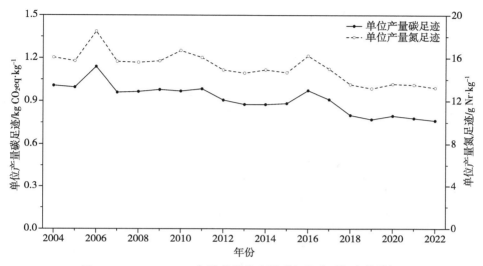

图 3–15　2004—2022 年油菜单位产量碳氮足迹时间变化特征

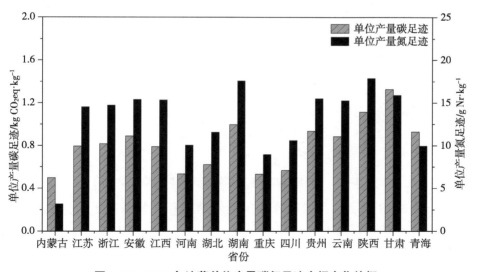

图 3–16　2022 年油菜单位产量碳氮足迹空间变化特征

3.2.4 油菜碳氮足迹构成

3.2.4.1 碳足迹构成

如图 3-17 所示，油菜生产过程碳足迹构成表现为氮肥施用＞化肥生产＞机械燃油＞灌溉用电＞农药生产＞农膜生产。2004—2022 年，化肥生产的碳足迹占比呈现明显下降趋势，由 2004 年的 54.8% 降至 2022 年的 41.7%；氮肥施用所占比例变化较小，为 44.7% ～ 49.6%；灌溉用电所占比例呈波动变化，为 0.8% ～ 1.7%；农药生产和机械燃油所占比例均有所上升，分别从 2004 年的 0.2% 和 0.3% 增至 2022 年的 1.0% 和 6.5%；农膜生产所占比例在 2022 年仅为 0.2%。

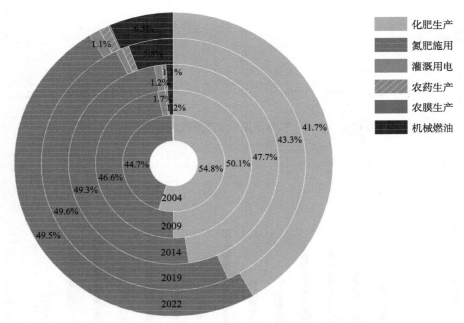

图 3-17 2004—2022 年油菜碳足迹构成时间变化特征

如图 3-18 所示，我国油菜种植区的地形和气候条件不同，使得各种农资投入量存在很大差别，导致各地区的碳足迹构成差异较大。2022 年，化肥生产的碳足迹中，甘肃最高，为 1 756.58 kg CO_2eq·hm^{-2}；高产的四川、湖北和湖南分别为 568.10 kg CO_2eq·hm^{-2}、516.81 kg CO_2eq·hm^{-2} 和 740.08 kg CO_2eq·hm^{-2}。氮肥施用的碳足迹中，江苏最高，为 1 205.86 kg CO_2eq·hm^{-2}，内蒙古最低，为 197.60 kg CO_2eq·hm^{-2}；四川、湖北和湖南分别为 781.60 kg CO_2eq·hm^{-2}、779.38 kg CO_2eq·hm^{-2} 和

859.34 kg CO$_2$eq·hm^{-2}。灌溉用电的碳足迹中，河南和内蒙古最高，分别为 140.07 kg CO$_2$eq·hm^{-2} 和 131.32 kg CO$_2$eq·hm^{-2}。农药生产的碳足迹中，湖北和湖南明显高于陕西和甘肃。机械燃油的碳足迹中，甘肃最高，为 157.72 kg CO$_2$eq·hm^{-2}，江苏最低，为 16.79 kg CO$_2$eq·hm^{-2}，湖南和湖北明显高于四川。

图 3-18　2022 年油菜单位面积碳足迹构成空间变化特征

3.2.4.2　氮足迹构成

如图 3-19 所示，油菜种植过程中氮足迹构成占比表现为氮肥施用＞化肥生产＞机械燃油＞农药生产＞灌溉用电。2004—2022 年，化肥生产的氮足迹占比变化不大，为 9.4%～9.8%；氮肥施用所占比例变化小，为 89.5%～90.6%；灌溉用电、农药生产和机械燃油的占比均较小。

如图 3-20 所示，2022 年，氮肥施用和化肥生产的氮足迹中，江苏最高，分别为 38.68 kg Nr·hm^{-2} 和 4.12 kg Nr·hm^{-2}，内蒙古最低，分别为 3.89 kg Nr·hm^{-2} 和 0.46 kg Nr·hm^{-2}，高产区（四川、湖北、湖南）明显低于低区（陕西、甘肃）。农药生产和机械燃油的氮足迹中，湖北和湖南明显高于四川。

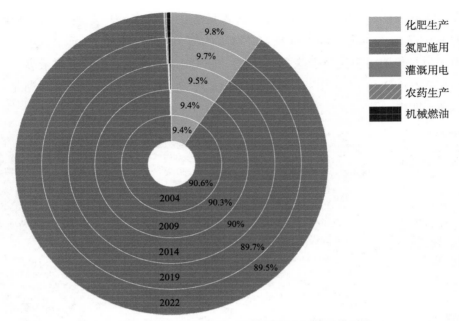

图 3-19　2004-2022 年油菜氮足迹构成时间变化特征

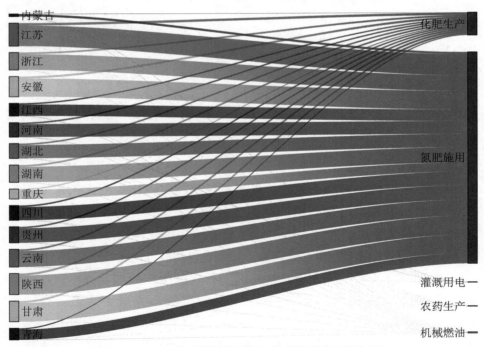

图 3-20　2022 年油菜单位面积氮足迹构成空间变化特征

3.2.5 小结

我国近 20 年的油菜生产总体呈"下降—上升—下降—上升"的变化趋势。油菜生产在 2004—2007 年出现明显下降，主要是由于油菜种植效益低，加上机械化水平低，在种植的各个环节费工费时，同时油菜抗灾能力弱，另外，我国加入 WTO 后，我国油菜产业受到很大冲击。从 2007 年起，我国采取设立油菜良种补贴，逐步将油料生产纳入农业保险范围并给予保费补贴，启动油料重点产区全程机械化工作试点等措施扶持油菜生产，全国油菜生产有所上升。2015 年油菜收购政策的取消，降低了种植油菜的收益，使得 2015 年油菜生产明显下降。近年来，我国加大油菜种植政策补贴力度，推广高产优质多抗油菜新品种，提高了单产水平，加上耕种机械化率提高，使得我国油菜生产呈持续上升变化趋势。从空间分布来看，四川、湖北和湖南是我国油菜的三大主产区，浙江、陕西、甘肃属于低产区，这是由于四川、湖北和湖南位于长江流域，气候温暖湿润，适宜油菜生长发育和产量提高。

2004—2022 年，我国油菜单位面积碳足迹和氮足迹呈波动下降趋势，主要原因是种植面积的波动变化和肥料投入量的降低。另外，单产水平的提高，使得单位产量碳足迹和氮足迹呈降低变化趋势。化肥生产和氮肥施用是油菜碳氮足迹的主要来源，分别占碳足迹的 41.7%～54.8% 和 44.7%～49.6%、氮足迹的 9.4%～9.8% 和 89.5%～90.6%。针对油菜种植的减肥增效行动不容忽视，降低化肥生产过程中的碳排放，优化氮肥种类与施用量，提高氮肥利用效率，进而降低油菜种植系统碳排放和活性氮排放。不同地区的油菜生产碳氮足迹具有明显差异，其中甘肃和陕西的单位面积碳足迹和单位产量碳足迹均较高，而江苏、陕西和甘肃的单位面积氮足迹和单位产量氮足迹较高，内蒙古的碳氮足迹均较低。油菜高产地区（四川、湖北、湖南）的化肥生产和氮肥施用产生的碳氮足迹均低于低产地区（浙江、陕西、甘肃），但四川、湖南和湖北的农药生产碳氮足迹均高于陕西和甘肃。由此可见，因地制宜开展粮油轮作种植模式，集成节肥节水技术，同时构建机械化、规模化油菜种植模式，是实现油菜生产节能减排和绿色低碳的重要途径。

4 糖料作物碳氮足迹

4.1 甘蔗

甘蔗是全球第一大糖料作物和第二大生物能源作物。甘蔗种植于100多个国家，我国是世界第三大甘蔗生产国，甘蔗糖产量占国内食糖总产量的90%左右，但国内的食糖产量只能满足70%的需求，仍有30%依赖于进口。《"十四五"全国种植业发展规划》中明确提出，建设桂中南、滇西南、粤西三大甘蔗优势产区，加快蔗田宜机化改造，选育推广高产高糖抗逆品种，提高脱毒健康种苗覆盖率，推进全程机械化，到2025年，甘蔗种植面积稳定在2 000万亩左右。《"十四五"推进农业农村现代化规划》进一步指出，巩固提升广西、云南糖料蔗生产保护区产能，加快坡改梯和中低产蔗田改造，建设一批规模化机械化、高产高效的优质糖料生产基地。

我国甘蔗生产区主要分布在北纬24°以南的热带与亚热带地区，其中广东、广西、海南和云南4个省份甘蔗种植面积占全国总面积的91.9%，产量占全国总产量的94.0%。由于甘蔗亩均产量高，其对养分需求量较大，其产量和品质与氮、磷、钾等主要养分密切相关，生产上普遍采取增施化肥以获得高产、高糖和高收益（王继华 等，2018）。我国甘蔗生产中化肥施用量普遍偏高，平均施肥量是世界平均水平的2～3倍，是发达国家的5～10倍（谢金兰 等，2017）。为推动双碳目标尽快实现，需要摸清我国糖料产业碳排放与氮排放状况，其中甘蔗种植环节的碳足迹与氮足迹评估显得尤为重要。

4.1.1 甘蔗基本特征

4.1.1.1 甘蔗总产、种植面积和单产时间变化特征

根据2004—2022年数据分析结果（图4-1），我国甘蔗总产量总体上呈先升高再降低的趋势，2013年达到最高值12 375×10⁴ t，2022年下降为

10 039×10⁴ t；甘蔗种植面积也呈现先升高再降低的趋势，2004—2013 年种植面积不断攀升，最高达到 1 737×10³ hm²，2014—2022 年不断下降，2022 年种植面积接近 1 228×10³ hm²；甘蔗单位面积产量则呈现增加趋势，从 20 世纪初期的 65 t·hm⁻² 上升到 82 t·hm⁻²。

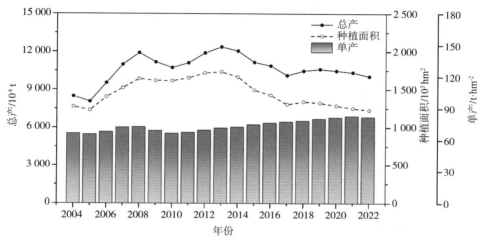

图 4-1　2004—2022 年甘蔗总产、种植面积和单产时间变化特征

4.1.1.2　甘蔗主产区总产、种植面积和单产空间变化特征

从图 4-2 可以看到，我国甘蔗主产区域分布在广东、广西、海南、云南 4 个省份。2022 年，广西甘蔗种植面积 848×10³ hm²，占全国总种植面积的 69.1%，总产达到 7 117×10⁴ t，占全国总产量的 70.9%；云南甘蔗种植面积 219×10³ hm²，占全国总种植面积的 17.8%，总产达到 1 554×10⁴ t，占全国总产量的 15.5%；广东甘蔗种植面积 147×10³ hm²，占全国总种植面积的 12.0%，甘蔗总产量 1 292×10⁴ t，占全国总产量的 12.9%。从单产来看，广东最高，达到 87.8 t·hm⁻²；海南最低，仅为 56.0 t·hm⁻²。

4.1.2　甘蔗单位面积碳氮足迹

4.1.2.1　单位面积碳氮足迹时间变化特征

2004—2022 年我国甘蔗单位面积碳氮足迹总体呈现先上升后下降的趋势（图 4-3）。2004—2016 年，甘蔗的单位面积碳氮足迹呈现波动上升趋势，单位面积碳足迹从 4.7 t CO₂eq·hm⁻² 增长为 6.4 t CO₂eq·hm⁻²，单位面积氮足迹从 57.1 kg Nr·hm⁻² 增长为 84.8 kg Nr·hm⁻²；2017—2022 年，单位面积碳氮足迹逐渐下降，2022 年单位面积碳足迹降至 4.9 t CO_2eq·hm^{-2}，单位面积氮足迹降至 62.3 kg Nr·hm^{-2}。

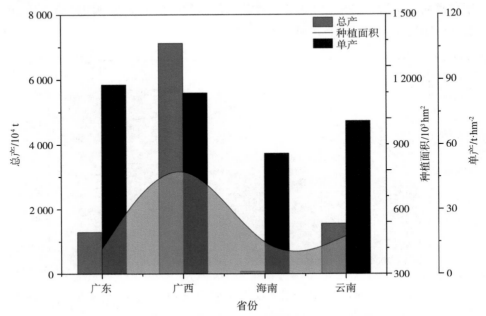

图 4-2　2022 年甘蔗主产区总产、种植面积和单产空间变化特征

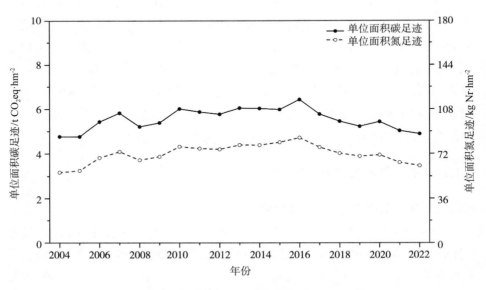

图 4-3　2004—2022 年甘蔗单位面积碳氮足迹时间变化特征

4.1.2.2 单位面积碳氮足迹空间变化特征

2022 年广东甘蔗的单位面积碳氮足迹都呈现最高态势（图 4-4），分别达到 6.4 t $CO_2eq \cdot hm^{-2}$ 和 77.7 kg $Nr \cdot hm^{-2}$；广西次之，单位面积碳氮足迹分别为 5.0 t $CO_2eq \cdot hm^{-2}$ 和 64.8 kg $Nr \cdot hm^{-2}$；云南甘蔗的单位面积碳足迹为 3.7 t $CO_2eq \cdot hm^{-2}$，单位面积氮足迹为 43.2 kg $Nr \cdot hm^{-2}$；海南甘蔗的单位面积碳足迹 3.3 t $CO_2eq \cdot hm^{-2}$，单位面积氮足迹为 44.9 kg $Nr \cdot hm^{-2}$。

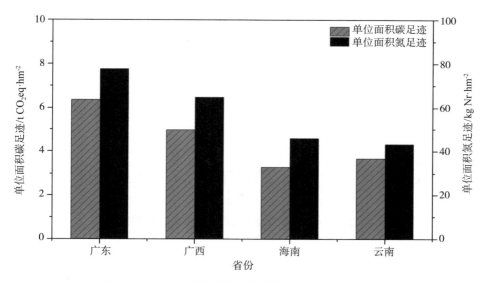

图 4-4　2022 年甘蔗单位面积碳氮足迹空间变化特征

4.1.3　甘蔗单位产量碳氮足迹

4.1.3.1　单位产量碳氮足迹时间变化特征

2004—2022 年我国甘蔗单位产量碳氮足迹总体呈现先上升后下降的趋势（图 4-5）。2004—2010 年，甘蔗的单位产量碳氮足迹呈现波动上升趋势，从 0.07 kg $CO_2eq \cdot kg^{-1}$ 增长为 0.09 kg $CO_2eq \cdot kg^{-1}$，单位产量氮足迹从 0.8 g $Nr \cdot kg^{-1}$ 增长为 1.2 g $Nr \cdot kg^{-1}$；2011—2022 年，单位产量碳氮足迹逐渐下降，2022 年单位产量碳足迹降至 0.06 kg $CO_2eq \cdot kg^{-1}$，单位产量氮足迹降至 0.7 g $Nr \cdot kg^{-1}$。

4.1.3.2　单位产量碳氮足迹空间变化特征

2022 年广东甘蔗的单位产量碳氮足迹呈现最高态势（图 4-6），分别为 0.07 kg $CO_2eq \cdot kg^{-1}$ 和 0.88 g $Nr \cdot kg^{-1}$；海南次之，单位产量碳氮足迹分别为 0.06 kg CO$_2$eq·kg^{-1} 和 0.82 g Nr·kg^{-1}；广西甘蔗的单位产量碳足迹为 0.06 kg CO$_2$eq·kg^{-1}，单位产量氮足迹为 0.77 g Nr·kg^{-1}；云南甘蔗的单位产量碳足迹为 0.05 kg CO$_2$eq·kg^{-1}，单位产量氮足迹为 0.61 g Nr·kg^{-1}。

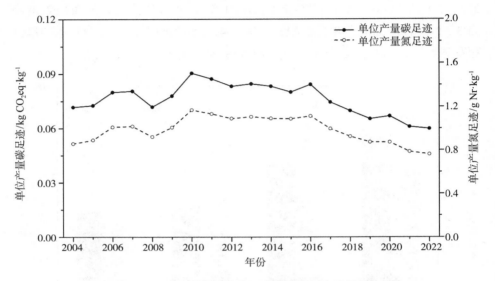

图 4-5　2004—2022 年甘蔗单位产量碳氮足迹时间变化特征

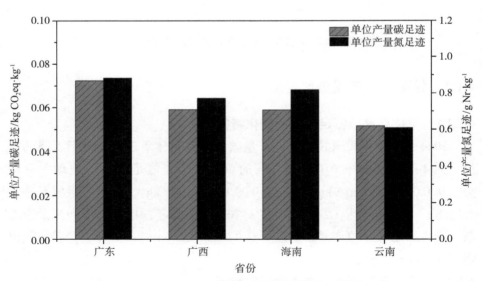

图 4-6　2022 年甘蔗单位产量碳氮足迹空间变化特征

4.1.4 甘蔗碳氮足迹构成

4.1.4.1 碳足迹构成

在甘蔗种植过程中，化肥生产与氮肥施用环节碳足迹所占比例最高（图4-7），2004—2022年均在90%以上，其中2009年占比最高，达到97.2%，2010—2022年逐步降低，2022年占比降至90.9%；农膜生产碳足迹所占比例次之，总体呈现波动上升趋势，2022年占比增至5.2%；甘蔗种植机械燃油碳足迹占比逐步上升，从0.5%逐渐增至2.7%；甘蔗种植灌溉用电与农药生产碳足迹占比较低，均低于1%。从空间分布来看（图4-8），广西甘蔗种植氮肥施用环节碳足迹所占比例最高，达到47.0%；广东甘蔗种植化肥生产环节碳足迹所占比例最高，达到52.2%；云南甘蔗种植氮肥施用环节碳足迹所占比例最高，达到41.2%；海南甘蔗种植氮肥施用环节碳足迹所占比例最高，达到52.3%。

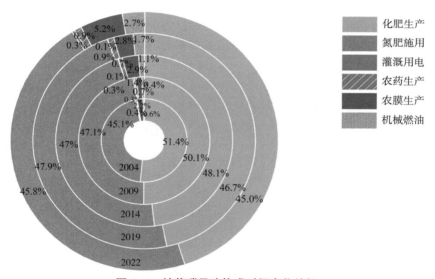

图4-7 甘蔗碳足迹构成时间变化特征

4.1.4.2 氮足迹构成

在甘蔗种植过程中，氮肥施用环节氮足迹所占比例最高（图4-9），2004—2022年均在86%以上，年际间变化不大；甘蔗种植化肥生产氮足迹所占比例次之，2004—2022年在12%～13%，总体比较稳定；甘蔗种植灌溉用电、机械燃油、农膜生产与农药生产氮足迹占比较低，均低于0.4%。从空间分布来看（图4-10），广西、广东、云南、海南甘蔗种植氮肥

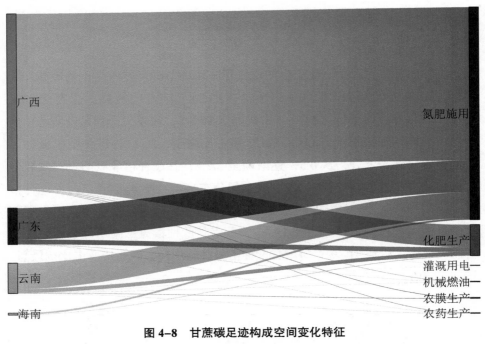

图 4-8　甘蔗碳足迹构成空间变化特征

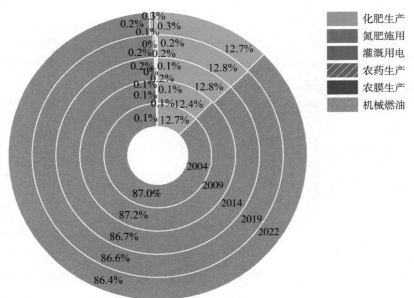

图 4-9　甘蔗氮足迹构成时间变化特征

施用环节氮足迹所占比例均最高，分别为 86.5%、86.7%、85.5%、87.0%，化肥生产环节氮排放所占比例次之，其他环节相较于氮肥施用与化肥生产所占比例非常低。

图 4-10　甘蔗氮足迹构成空间变化特征

4.1.5　小结

甘蔗作为我国重要的糖料作物，近年来总产量呈现先升高后下降的趋势。由于甘蔗种植的成本激增，导致农户生产积极性下降，从而影响甘蔗的种植面积与产量，2022 年降至最低点，种植面积接近 $1\,228 \times 10^3\ hm^2$，总产量接近 $10\,000 \times 10^4\ t$。但随着技术进步，中低产蔗田宜机化改造，高产高糖抗逆品种推广，全程机械化应用，甘蔗单位面积产量则呈现显著增加趋势，从 20 世纪初期的 $65\ t \cdot hm^{-2}$ 上升到 $82\ t \cdot hm^{-2}$。

综合来看，2004—2022 年我国甘蔗种植环节单位面积和单位产量碳氮足迹均呈现先升高后下降的趋势，主要原因是农业农村部减肥减药政策的实施推动了甘蔗投入品的减少。在甘蔗种植过程中，化肥生产与氮肥施用环节碳排放所占比例最高，2022 年仍达到 90.9%。随着化肥施用量的减少，同时单位面积甘蔗产量的增加，甘蔗种植环节碳氮排放强度呈现出明显的下降态势，为今后推动碳氮排放进一步降低指明了方向。另外，由于区域气候条件、农资投入水平、田间管理方式等差别，甘蔗种植碳氮足迹的空间分布差异显著。广东由于经济发展水平较高，甘蔗种植投入相对较大，在保证其单位面积甘蔗产量突出的同时，也导致单位面积与单位产量碳氮足迹均最高；广西甘蔗种植面积与总产均远大于其他省份，尤其是单位面积产量也处于较高水平，导致其单位面积碳氮足迹较高，单位产量碳氮足迹则相对较低。由此可见，深化推动农业农村部双减政策的进一步落地，减少化肥农药投入量，同时培育甘蔗新品种，提升甘蔗产量和品质，是降低我国甘蔗种植碳氮足迹的有效途径。

4.2 甜菜

甜菜是我国第二大糖料作物，也是我国北方重要的制糖原料。甜菜根中平均含有 75% 的水分、25% 的固形物，固形物中蔗糖占 16% ～ 18%。2022 年，我国甜菜种植面积达到 158×10^3 hm^2，产量达到 $8\ 746 \times 10^4$ t，甜菜糖产量占国内食糖总产量的 10% 左右。《"十四五"全国种植业发展规划》中明确提出，稳定并适度扩大内蒙古、新疆等地甜菜种植面积，建设华北、西北两大甜菜优势产区，到 2025 年，甜菜种植面积达到 300 万亩左右；加快国产自育品种研发，推广机械精量直播、纸筒育苗移栽、膜下滴灌等技术模式。

甜菜喜欢阴凉气候，抗寒能力强，但抗热能力差，因此我国甜菜主产区主要分布在黑龙江、吉林、内蒙古、新疆、河北、山西等省份，其中内蒙古、新疆、河北 3 个省份种植积占全国总面积的 97.2%，产量占全国总产量的 97.8%。甜菜是二年生经济作物，由于甜菜生长周期长、产量高，从幼苗至糖分积累期几乎都需要充足的养分，其对氮、磷、钾的需要量一般比谷类作物分别多 1.6 倍、2 倍和 3 倍。为摸清我国糖料产业碳氮排放状况，甜菜种植环境碳氮足迹评估必不可少，对推动我国农业绿色低碳发展具有现实意义。

4.2.1 甜菜基本特征

4.2.1.1 甜菜总产、种植面积和单产时间变化特征

我国甜菜总产量呈现波动上升趋势（图 4-11），2020 年达到最高值 $1\ 160.2 \times 10^4$ t，2022 年下降为 872.6×10^4 t；甜菜种植面积也呈现波动变化趋势，2006 年种植面积最高达到 260×10^3 hm^2，2022 年种植面积接近 158×10^3 hm^2；甜菜单产则呈现微弱上升趋势，2022 年甜菜单产 55.4 t · hm^{-2}。

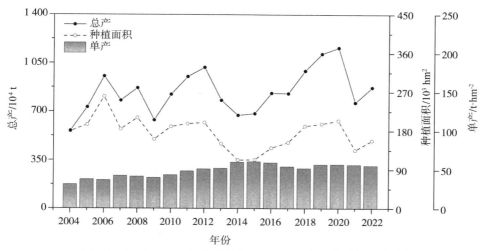

图 4-11　2004—2022 年甜菜总产、种植面积和单产时间变化特征

4.2.1.2　甜菜主产区总产、种植面积和单产空间特征

从图 4-12 可以看到，我国甜菜主产区域分布在新疆、内蒙古、河北 3 个省份。2022 年，新疆甜菜种植面积 53×10^3 hm^2，占全国总种植面积的 33.7%，总产量达到 399.1×10^4 t，占全国总产量的 45.7%；内蒙古甜菜种植面积 87×10^3 hm^2，占全国总种植面积的 55.2%，总产量达到 385.1×10^4 t，占全国总产量的 44.1%；河北甜菜种植面积 13×10^3 hm^2，占全国总种植面积的 8.3%，总产量 70.2×10^4 t，占全国总产量的 8.20%。从单产来看，新疆最高，达到 74.7 t·hm^{-2}；内蒙古最低，仅为 44.1 t·hm^{-2}。

4.2.2　甜菜单位面积碳氮足迹

4.2.2.1　单位面积碳氮足迹时间变化特征

2004—2022 年我国甜菜单位面积碳氮足迹总体呈现先上升后下降的趋势（图 4-13）。2004—2016 年，我国甜菜的单位面积碳氮足迹呈现波动上升趋势，单位面积碳足迹从 2.8 t CO_2eq·hm^{-2} 增长为 5.8 t CO_2eq·hm^{-2}，单位面积氮足迹从 26.5 kg Nr·hm^{-2} 增长为 53.6 kg Nr·hm^{-2}；2017—2022 年，单位面积碳氮足迹逐渐下降，2022 年单位面积碳足迹降至 5.0 t CO_2eq·hm^{-2}，单位面积氮足迹降至 35.8 kg Nr·hm^{-2}。

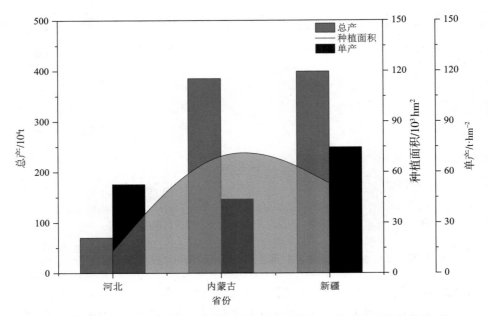

图 4-12　2022 年甜菜主产区甜菜产量、种植面积和单产空间变化特征

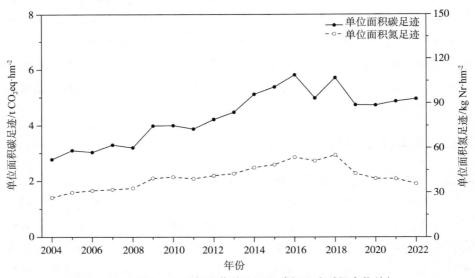

图 4-13　2004—2022 年甜菜单位面积碳氮足迹时间变化特征

4.2.2.2　单位面积碳氮足迹空间变化特征

2022 年新疆甜菜的单位面积碳氮足迹都呈现最高态势（图 4-14），分别达到 7.8 t CO_2eq·hm^{-2} 和 64.2 kg Nr·hm^{-2}；河北次之，单位面积碳氮足迹

分别为 4.4 t CO_2eq·hm^{-2} 和 25.9 kg Nr·hm^{-2}；内蒙古甜菜的单位面积碳足迹为 3.5 t CO_2eq·hm^{-2}，单位面积氮足迹为 21.5 kg Nr·hm^{-2}。

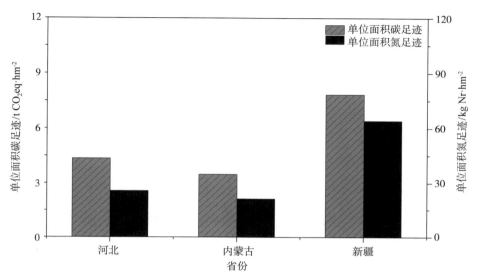

图 4-14　2022 年甜菜单位面积碳氮足迹空间变化特征

4.2.3　甜菜单位产量碳氮足迹

4.2.3.1　单位产量碳氮足迹时间变化特征

2004—2022 年我国甜菜的单位产量碳氮足迹总体呈现先上升后下降的趋势（图 4-15）。2004—2018 年，我国甜菜的单位产量碳氮足迹呈现波动上升趋势，单位产量碳足迹从 0.08 kg CO_2eq·kg^{-1} 增长为 0.11 kg CO_2eq·kg^{-1}，单位产量氮足迹从 0.8 g Nr·kg^{-1} 增长为 1.1 g Nr·kg^{-1}；2019—2022 年，单位产量碳氮足迹逐渐下降，2022 年单位产量碳足迹降至 0.09 kg CO_2eq·kg^{-1}，单位产量氮足迹降至 0.6 g Nr·kg^{-1}。

4.2.3.2　单位产量碳氮足迹空间变化特征

2022 年新疆甜菜的单位产量碳氮足迹呈现最高态势（图 4-16），分别达到 0.1 kg CO_2eq·kg^{-1} 和 0.86 g Nr·kg^{-1}；河北次之，单位产量碳氮足迹分别为 0.08 kg CO_2eq·kg^{-1} 和 0.49 g Nr·kg^{-1}；内蒙古甜菜的单位产量碳足迹为 0.08 kg CO_2eq·kg^{-1}，单位产量氮足迹为 0.48 g Nr·kg^{-1}。

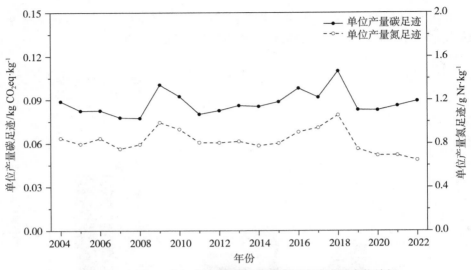

图 4-15　2004—2022 年甜菜单位产量碳氮足迹时间变化特征

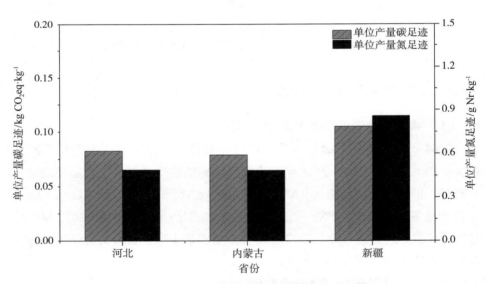

图 4-16　2022 年甜菜单位产量碳氮足迹空间变化特征

4.2.4　甜菜碳氮足迹构成

4.2.4.1　碳足迹构成

在甜菜种植过程中，化肥生产环节碳足迹所占比例最高（图 4-17），2004—2022 年均在 34% 以上，其中 2006 年占比最高，达到 51.9%，2007—

2022 年逐步降低，2022 年占比降至 34.8%；氮肥施用碳足迹所占比例次之，总体呈现下降趋势，2022 年占比降至 23.9%；灌溉用电碳足迹呈现显著上升趋势，2004—2022 年从 4.6% 上升至 22.5%；农膜生产碳足迹也呈上升趋势，2004—2022 年从 4.0% 上升至 11.8%；机械燃油碳足迹占比逐步上升，从 1.2% 逐渐增至 5.7%；农药生产碳足迹占比较低，低于 1.5%。从空间分布来看（图 4-18），新疆甜菜种植化肥生产环节碳足迹所占比例最高，达到 44.7%；内蒙古甜菜种植灌溉用电环节碳足迹所占比例最高，达到 34.3%；河北甜菜种植农膜生产环节碳足迹所占比例最高，达到 33.2%。

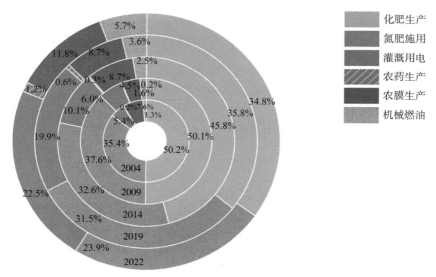

图 4-17　甜菜碳足迹构成时间变化特征

4.2.4.2　氮足迹构成

在甜菜种植过程中，氮肥施用环节氮足迹所占比例最高（图 4-19），2004—2022 年均在 76% 以上，其中 2017 年占比最高，达到 85.8%，2018—2022 年逐步降低，2022 年占比降至 76.4%；甜菜种植所用化肥生产氮足迹所占比例次之，2004—2022 年处在 11% ~ 12%，总体比较稳定；甜菜种植灌溉用电氮足迹呈现显著上升趋势，2004—2022 年从 1.3% 增至 9.3%；甜菜种植机械燃油、农膜生产与农药生产氮足迹占比较低，均低于 1.5%。从空间分布来看（图 4-20），新疆、内蒙古、河北甜菜种植氮肥施用环节氮足迹所占比例均最高，分别为 81.5%、67.2%、75.0%，化肥生产环节氮排放所占比例次之，其他环节相较于氮肥施用与化肥生产所占比例非常低。

图 4-18 甜菜碳足迹构成空间变化特征

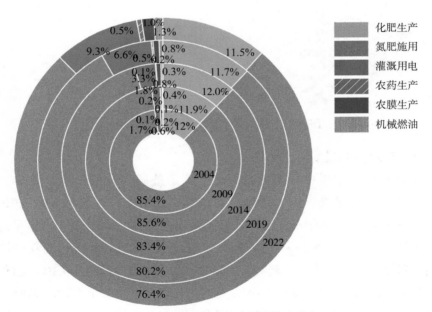

图 4-19 甜菜氮足迹构成时间变化特征

图 4-20 甜菜氮足迹构成空间变化特征

4.2.5 小结

甜菜是我国生产糖料的重要作物之一，过去 20 年总产量呈现波动上升的趋势，种植面积则呈现波动下降趋势，单产呈现微弱上升趋势。近年来，国务院等政府部门大力支持甜菜生产，推出了《关于培育传统优势食品产区和地方特色食品产业的指导意见》等政策，推进新疆、黑龙江、内蒙古、河北甜菜种植基地发展，在西北地区培育特色甜菜糖产业集群，提升甘蔗和甜菜预处理及适应性改造技术。

综合来看，2004—2022 年我国甜菜种植环节碳氮足迹均呈现先上升后下降趋势，主要原因是甜菜种植技术进步，包括高产高糖抗逆品种选育、播种至收获全程机械化、精量灌溉与配方施肥，推动甜菜投入品的减少与产量的提升。在甜菜种植过程中，化肥生产、氮肥施用与灌溉用电环节碳足迹占比最高，达到 81.2%，氮肥施用环节氮足迹所占比例最高，达到 76.4%。随着化肥使用量的减少，同时单位面积甜菜产量的增加，甜菜种植环节碳氮排放强度呈现出下降态势，为今后推动甜菜产业绿色低碳发展指明了方向。另外，由于区域气候条件、农资投入水平、田间管理方式等的差别，甜菜种植碳氮足迹的空间分布差异明显。新疆由于地区糖料产业扩张需求，甜菜种植投入相对较大，在保证其单位面积甜菜产量最高的同时，也导致单位面积与单位产量碳氮足迹均最高；内蒙古甜菜种植面积大于其他省份，其甜菜种植历史相对悠久，产业相对成熟，节本增效效果突出，导致其单位面积与单位产量碳氮足迹均相对较低。由此可见，深化推动农业农村部双减政策与节水增效政策落地实施，减少化肥农药投入量与灌溉用水量，同时培育甜菜新品种，提升甜菜产量品质，是降低我国甜菜种植碳氮足迹的有效途径。

5 林果碳氮足迹

5.1 苹果

苹果是我国主要水果之一，其含有丰富的糖、维生素 C、膳食纤维和矿物质元素等营养物质，深受人们喜爱。作为全球最大的苹果种植国和消费国，我国种植产量和种植面积超过全球的 50%。随着生活质量的提高，人们越来越注重饮食营养均衡，对苹果的需求也不断增加。2005—2023 年《中国农村统计年鉴》数据表明，我国苹果种植面积与产量呈快速增加趋势。2021 年苹果产量为 4 597 万 t，与 2002 年相比，2021 年苹果产量增加 2 倍以上。《"十四五"全国种植业发展规划》中明确提出，到 2025 年，全国苹果种植面积稳定在 3 300 万亩左右，苹果产量稳定在 4 500 万 t 左右。

苹果喜光、耐寒，优势种植区多分布在丘陵地区，如陕西，土壤有机质含量低，土壤保水保肥能力差，仅通过增施化肥提高产量，不仅会影响苹果产量和品质，也会因施肥量的增加而促进温室气体排放和氮损失。因此，在苹果产量不断增加的条件下，科学合理种植苹果对苹果产业的低碳可持续发展至关重要。

5.1.1 苹果基本特征

5.1.1.1 苹果总产、种植面积和单产时间变化特征

2004—2022 年苹果总产、种植面积和单产时间变化特征如图 5-1 所示。2004—2022 年，我国苹果总产和单产变化趋势总体呈上升趋势，其变化范围分别为（2 367 ~ 4 757）×10^4 t 和 12.61 ~ 24.32 t·hm^{-2}。与 2004 年相比，苹果总产增加 50.2%，单产增加 48.1%。我国苹果种植面积总体呈现先上升后降低趋势，其变化范围为（1 876 ~ 2 328）×10^3 hm^2。2004—2015 年，苹果种植面积呈增加趋势，2015 年苹果种植面积达到最大（2 328×10^3 hm^2），增加 24.7%，2015—2022 年，苹果种植面积呈波动降低趋势，降低 16.0%。

2022 年，苹果总产为 4 757×10^4 t，种植面积为 1 956×10^3 hm^2，单产为 24.3 t·hm^{-2}。

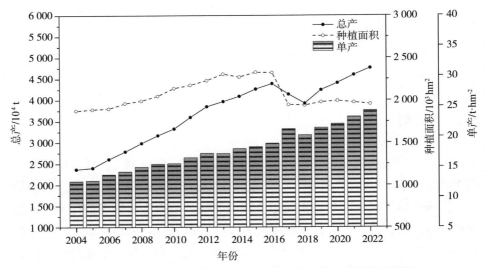

图 5-1　2004—2022 年苹果总产、种植面积和单产时间变化特征

5.1.1.2　苹果总产、种植面积和单产空间变化特征

2022 年苹果产量、种植面积和单产空间变化特征如图 5-2 所示，各省份总产、种植面积和单产变化范围分别为（2.9 ~ 1 303）×10^4 t、（4.6 ~ 616）×10^3 hm^2 和 6.3 ~ 42 t·hm^{-2}。本研究选取我国主要苹果种植省份进行碳氮足迹核算，包括河北、河南、山东、山西、陕西、甘肃、辽宁和北京 8 个省（市）。陕西是我国苹果最大种植省份，总产为 1 303 万 t，种植面积为 616×10^3 hm^2。山东是我国苹果第二大种植省份，总产为 1 006 万 t，种植面积为 240×10^3 hm^2。甘肃和山西分别是我国苹果第三、四大种植省份。山东和河南单产最高，分别为 41.0 t·hm^{-2} 和 40.4 t·hm^{-2}。

5.1.2　苹果单位面积碳氮足迹

5.1.2.1　单位面积碳氮足迹时间变化特征

2004—2022 年苹果单位面积碳氮足迹时间变化特征如图 5-3 所示，2004—2022 年，单位面积碳足迹和单位面积氮足迹呈先上升后降低的趋势，其变化范围为 5.58 ~ 11.02 t CO$_2$eq·hm^{-2} 和 49.29 ~ 103.72 kg Nr·hm^{-2}。

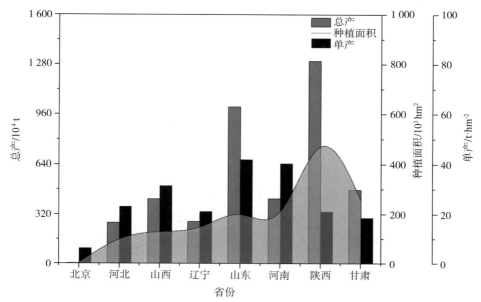

图 5-2 2022 年苹果总产、种植面积和单产空间变化特征

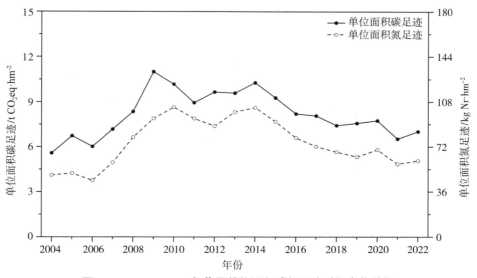

图 5-3 2004—2022 年苹果单位面积碳氮足迹时间变化特征

2004—2009 年，单位面积碳足迹呈增加趋势，由 5.58 t CO$_2$eq · hm^{-2} 升高到 11.02 t CO$_2$eq · hm^{-2}；2009—2014 年，单位面积碳足迹呈波动变化，这主要与苹果种植区域结构调整有关；2014—2022 年，单位面积碳足迹呈降低趋势，由 10.28 t CO$_2$eq · hm^{-2} 降到 7.01 t CO$_2$eq · hm^{-2}，降低幅度为

46.6%。2004—2010 年，单位面积氮足迹呈增加趋势，由 49.29 kg Nr·hm^{-2} 升高到 103.72 kg Nr·hm^{-2}；2010—2014 年，单位面积氮足迹呈波动变化；2014—2022 年，单位面积氮足迹呈降低趋势，由 103.41 kg Nr·hm^{-2} 降到 60.82 kg Nr·hm^{-2}，降低幅度为 70.0%，这可能与双减政策的提出与实施有关。

5.1.2.2 单位面积碳氮足迹空间变化特征

苹果单位面积碳氮足迹空间变化特征如图 5-4 所示，各省份单位面积碳氮足迹变化范围分别为 4.73 ~ 10.39 t CO$_2$eq·hm^{-2} 和 35.33 ~ 97.60 kg Nr·hm^{-2}。北京、河北和山西单位面积碳足迹位列前 3，其单位面积碳足迹分别为 10.39 t CO$_2$eq·hm^{-2}、8.54 t CO$_2$eq·hm^{-2} 和 7.67 t CO$_2$eq·hm^{-2}，甘肃、河南和陕西单位面积氮足迹位列前 3，分别为 97.60 kg Nr·hm^{-2}、96.75 kg Nr·hm^{-2} 和 95.52 kg Nr·hm^{-2}。河南和辽宁单位面积碳足迹较低，山西和辽宁单位面积氮足迹较低。

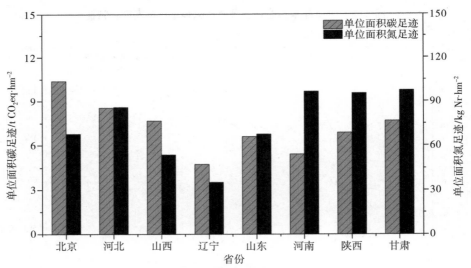

图 5-4　2022 年苹果单位面积碳氮足迹空间变化特征

5.1.3　苹果单位产量碳氮足迹

5.1.3.1　单位产量碳氮足迹时间变化特征

2004—2022 年苹果单位产量碳氮足迹时间变化特征如图 5-5 所示。2004—2022 年，单位产量碳足迹和单位产量氮足迹呈先上升后降低的趋势，其变化范围分别为 0.19 ～ 0.37 kg CO_2eq·kg^{-1} 和 0.60 ～ 1.28 g Nr·kg^{-1}。2004—2009 年，单位产量碳足迹呈增加趋势，由 0.19 kg CO_2eq·kg^{-1} 升高到 0.37 kg CO_2eq·kg^{-1}；2009—2014 年，单位产量碳足迹呈波动变化；2014—2022 年，单位产量碳足迹呈降低趋势，由 0.36 kg CO_2eq·kg^{-1} 降到 0.29 kg CO_2eq·kg^{-1}，降低幅度为 24.4%。2004—2010 年，单位产量氮足迹呈增加趋势，由 0.60 g Nr·kg^{-1} 升高到 1.29 g Nr·kg^{-1}；2010—2014 年，单位产量氮足迹呈波动变化；2014—2022 年，单位产量氮足迹呈降低趋势，由 103.41 g Nr·kg^{-1} 降到 60.82 g Nr·kg^{-1}。

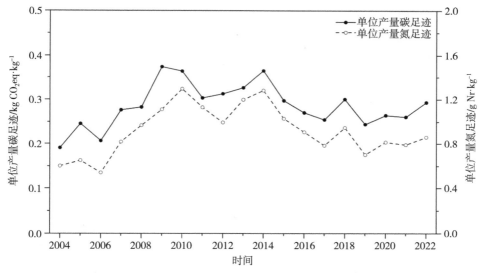

图 5-5　2004—2022 年苹果单位产量碳氮足迹时间变化特征

5.1.3.2　单位产量碳氮足迹空间变化特征

苹果单位产量碳氮足迹空间变化特征如图 5-6 所示，各省份单位产量碳足迹和单位产量氮足迹变化范围分别为 0.14 ～ 0.70 kg CO_2eq·kg^{-1} 和 1.92 ～ 4.61 g Nr·kg^{-1}。北京、甘肃和山西单位产量碳足迹位列前 3，分别为 0.70 kg CO_2eq·kg^{-1}、0.36 kg CO_2eq·kg^{-1}、0.32 kg CO_2eq·kg^{-1}，甘肃、河南和陕西单位产量氮足迹位列前 3，分别为 4.56 g Nr·kg^{-1}、4.61 g Nr·kg^{-1}、3.76 g Nr·kg^{-1}。河南和山东单位产量碳足迹较低，山东和辽宁单位产量氮足迹较低。

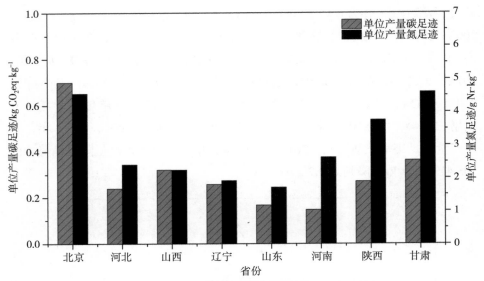

图 5-6　2022 年苹果单位产量碳氮足迹空间变化特征

5.1.4　苹果碳氮足迹构成

5.1.4.1　碳足迹构成

如图 5-7 所示，2022 年，化肥生产的碳足迹中，甘肃最高，为 3.43 t CO$_2$eq·hm^{-2}；陕西和山东别为 2.58 t CO$_2$eq·hm^{-2} 和 0.80 t CO$_2$eq·hm^{-2}。氮肥施用的碳足迹中，北京最高，为 4.62 t CO$_2$eq·hm^{-2}，辽宁最低，为 1.56 t CO$_2$eq·hm^{-2}；陕西和山东分别为 3.13 t CO$_2$eq·hm^{-2} 和 2.90 t CO$_2$eq·hm^{-2}。灌溉用电的碳足迹中，山西和山东较高，分别为 3.74 t CO$_2$eq·hm^{-2} 和 2.42 t CO$_2$eq·hm^{-2}。农药生产的碳足迹中，山东最高，为 0.41 t CO$_2$eq·hm^{-2}。机械燃油的碳足迹中，北京最高，为 0.71 t CO$_2$eq·hm^{-2}。

苹果种植过程中碳足迹构成表现为氮肥施用（38.9%）＞化肥生产（27.3%）＞灌溉用电（22.8%）＞农膜生产（6.1%）＞机械燃油（2.6%）＞农药生产（2.2%）（图 5-8）。2004—2022 年，化肥生产碳足迹占比明显降低，由 2004 年的 43.7% 降至 2022 年的 18.1%；氮肥施用的碳足迹所占比例为 38.0% ～ 40.4%，呈降低趋势；灌溉用电所占比例为 13.1% ～ 28.6%，呈增加趋势；农药生产和机械燃油所占比例分别为 1.8% ～ 3.0% 和 0.7% ～ 3.6%，均呈增加趋势；农膜生产占比呈波动变化趋势。

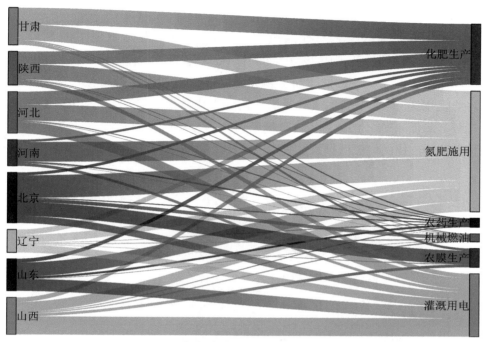

图 5-7 2022 年各省苹果碳足迹构成空间变化特征

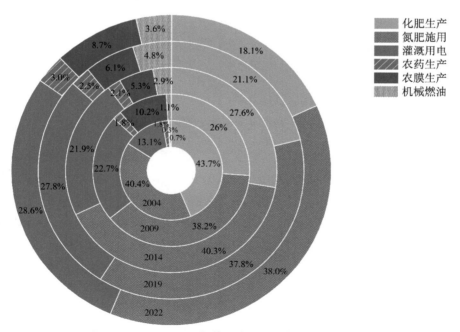

图 5-8 2004—2022 年苹果碳足迹构成时间变化特征

5.1.4.2 氮足迹构成

如图 5-9 所示，苹果种植过程中氮足迹构成占比表现为氮肥施用（84.4%）＞化肥生产（10.2%）＞灌溉用电（3.7%）＞农药生产（0.8%）＞农膜生产（0.6%）＞机械燃油（0.4%）。2004—2022 年，化肥生产的氮足迹占比范围为 10.0%～10.4%；氮肥施用所占比例为 87.2%～82.5%，呈降低趋势，降低 4.7%；灌溉用电占比波动较大，为 2.0%～5.0%；农药生产和机械燃油所占比例均较低。

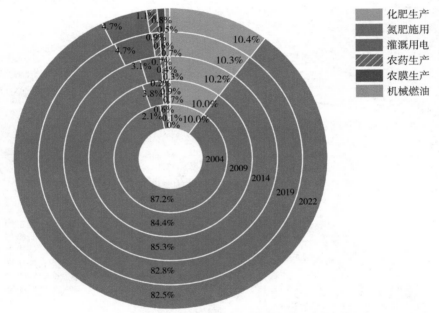

图 5-9 2004—2022 年苹果氮足迹构成时间变化特征

如图 5-10 所示，2022 年，化肥生产的氮足迹中，河南最高，为 11.16 g Nr·kg^{-1}；高产的陕西和山东分别为 9.92 g Nr·kg^{-1} 和 7.28 g Nr·kg^{-1}。氮肥施用的氮足迹中，甘肃最高，为 86.04 g Nr·kg^{-1}，辽宁最低，为 28.56 g Nr·kg^{-1}；陕西和山东分别为 83.73 g Nr·kg^{-1} 和 83.76 g Nr·kg^{-1}。灌溉用电的碳足迹中，山西和山东较高，分别为 5.32 g Nr·kg^{-1} 和 3.44 g Nr·kg^{-1}；农药生产的碳足迹中，山东最高，为 1.29 g Nr·kg^{-1}。机械燃油的碳足迹中，北京最高，为 0.86 g Nr·kg^{-1}。

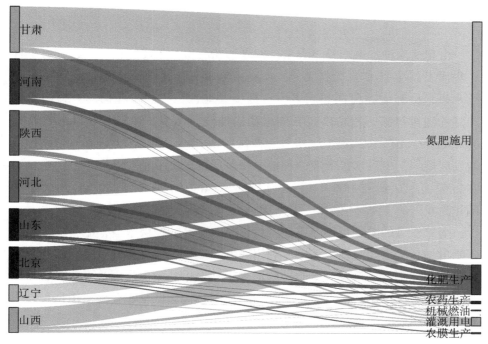

图 5-10   2022 年苹果氮足迹构成空间变化特征

5.1.5   小结

基于苹果碳氮足迹时间特征和空间特征分析，2004—2022 年，我国苹果总产、单产和种植面积变化趋势总体呈上升趋势。从时间维度看，单位面积碳氮足迹和单位产量碳氮足迹趋势相似，其均呈现先上升后降低的趋势，这主要与种植结构调整和肥料、农药双减政策的提出和实施有关。2022 年我国苹果单位面积碳足迹为 7.01 t CO_2eq·hm^{-2}，单位面积氮足迹为 60.82 kg Nr·hm^{-2}。苹果种植过程中，氮肥施用是碳足迹的主要构成，占比为 38.9%；氮足迹构成中，氮肥施用是主要的环节，占比为 82.5%。各省份碳足迹和氮足迹具有明显的空间差异性，北京、河北和山西单位面积碳足迹较高，甘肃、河南和陕西单位面积氮足迹较高，主要是由于这些省份氮肥施用和灌溉用电高于苹果主产区陕西和山东。由此可见，减少苹果种植过程中氮肥施用和灌溉用电是减少苹果碳氮足迹的关键。同时，关注苹果主产区和非主产区的种植情况，因地制宜管理是未来减排和低碳可持续发展的重点。

5.2 柑橘

柑和橘两种水果均是小乔木，两者形状相似，果皮宽松易剥，含有多种矿物质及维生素 C 等营养成分，深受人们喜爱。柑橘类水果是全球第一大类水果，柑和橘在柑橘类水果中占据主要地位，我国柑和橘的种植面积与产量均居世界第一，2022 年我国柑和橘种植面积为 $2\,995.8 \times 10^3$ hm^2，产量为 $6\,003.9 \times 10^4$ t，约占全国水果总产量的 19.18%。在《"十四五"全国种植业发展规划》中对水果产业的种植面积及产量做出了重要规划，明确指出到 2025 年面积达到 $10\,000 \times 10^3$ hm^2 以上，产量达到 $20\,000 \times 10^4$ t 以上，柑和橘作为我国的主要种植水果，应密切关注其产业发展。

随着柑橘的需求量逐渐增高，为了获取更高的经济效益，肥料投入量也不断增加，随之而来产生了资源利用率低、环境污染严重等重要问题。与国外相比，化肥投入量及产生的排放远高于其他柑橘种植强国，因此需明晰柑橘主要种植区的碳足迹及氮足迹，为因地制宜构建低碳农业提供依据，进而实现柑橘产业的低碳发展。

5.2.1 柑橘基本特征

5.2.1.1 柑橘总产、种植面积和单产时间变化特征

柑和橘两种作物总产、种植面积和单产均总体呈现上升趋势（图 5-11）。在总产方面，2004 年柑橘的总产为 $1\,495.8 \times 10^4$ t，2022 年上升至 $6\,003.9 \times 10^4$ t，增长了 57.3%；在种植面积方面，从 2004 年的 $1\,627.2 \times 10^3$ hm^2 增长至 2022 年的 $2\,995.8 \times 10^3$ hm^2；在单产方面，2004—2022 年柑橘单产逐年递加，从 9.19 t·hm^{-2} 上升至 20.04 t·hm^{-2}，增长了 118.06%。

5.2.1.2 柑橘总产、种植面积和单产空间变化特征

2022 年柑橘的主要种植省份总产、种植面积和单产如图 5-12 所示。在总产方面，广西柑橘总产最高，为 $1\,808.0 \times 10^4$ t，比总产量第二高的湖南高约 182.9%，属于柑橘的高产大省，浙江柑橘产量最低，为 177.1 × 10^4 t，其余各省份的产量在（363.6 ~ 554.8）× 10^4 t；在种植面积方面，广西种植面积最高，为 631 × 10^3 hm^2，浙江种植面积最低，为 80 × 10^3 hm^2，湖南为 430.4 × 10^3 hm^2，其余各省种植面积在（156.6 ~ 430.4）× 10^3 hm^2；在柑橘单产方面，福建最高，为 29.1 t·hm^{-2}，略高于广西的 28.7 t·hm^{-2}，江西单产最低，为 13.7 t·hm^{-2}，其余省份单产在 15.7 ~ 22.1 t·hm^{-2}。

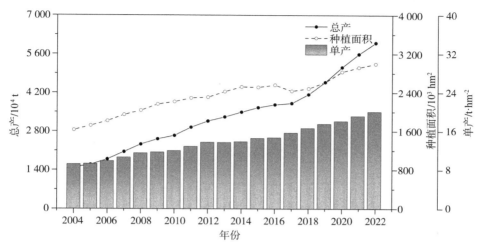

图 5–11　2004—2022 年柑橘总产、种植面积和单产时间变化特征

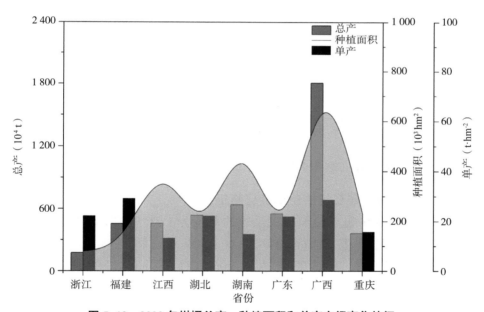

图 5–12　2022 年柑橘总产、种植面积和单产空间变化特征

5.2.2　柑单位面积碳氮足迹

5.2.2.1　单位面积碳氮足迹时间变化特征

柑单位面积碳氮足迹均总体呈现下降趋势（图 5–13）。具体来看，柑单位面积碳足迹为 2.87 ～ 9.63 t CO_2eq · hm^{-2}；2004—2012 年柑单位面积碳足迹从 9.63 t CO_2eq · hm^{-2} 下降至谷值 4.65 t CO_2eq · hm^{-2}，随后于 2013 年上升至 6.33 t CO_2eq · hm^{-2}，最后下降于 2022 年下降至 2.87 t CO_2eq · hm^{-2}。2004—2022 年柑单位面积氮足迹为 15.08 ～ 104.89 kg Nr · hm^{-2}，2005 年柑单位面积氮足迹达到了年际变化的峰值，为 104.89 kg Nr · hm^{-2}，随后逐年下降，于 2018 年下降至最低值 15.08 kg Nr · hm^{-2}，并于 2019—2021 年趋于平稳，在 31 ～ 33 kg Nr · hm^{-2}，最终于 2022 年下降至 17.71 kg Nr · hm^{-2}。

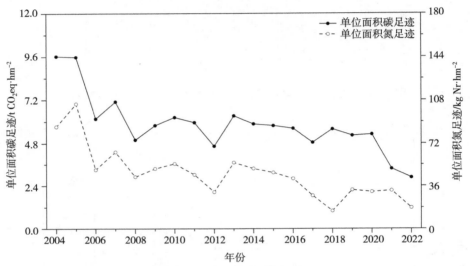

图 5-13　2004—2022 年柑单位面积碳氮足迹时间变化特征

5.2.2.2　单位面积碳氮足迹空间变化特征

不同种植省份柑单位面积碳足迹的范围为 1.03 ～ 3.81 t CO_2eq · hm^{-2}，单位面积氮足迹范围为 6.58 ～ 53.90 kg Nr · hm^{-2}（图 5-14）。具体而言，2022 年柑单位面积碳足迹在 3.00 t CO_2eq · hm^{-2} 以上的有 3 个省份，分别为福建（3.81 t CO_2eq · hm^{-2}）、广东（3.08 t CO_2eq · hm^{-2}）和广西（3.73 t CO_2eq · hm^{-2}），重庆的单位面积碳足迹为 2.81 t CO_2eq · hm^{-2}，江西、湖南、湖北的单位面积碳足迹在 1.03 ～ 1.81 t CO_2eq · hm^{-2}。湖北 2022 年种植柑产生的单位面积氮足迹最高，为 53.90 kg Nr · hm^{-2}，广东及广西的单位面积氮足迹分别为 25.59 kg Nr · hm^{-2} 和 20.89 kg Nr · hm^{-2}，江西及福建的单位面积氮足迹相近，同时湖南和重庆的单位面积氮足迹均低于 10 kg Nr · hm^{-2}。

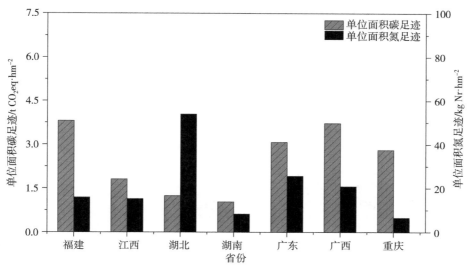

图 5-14　2022 年柑单位面积碳氮足迹空间变化特征

5.2.3　柑单位产量碳氮足迹

5.2.3.1　单位产量碳氮足迹时间变化特征

柑单位产量碳氮足迹均总体呈现下降趋势（图 5-15）。具体而言，2004—2022 年柑单位产量碳足迹在 $0.11 \sim 0.32$ kg CO_2eq·kg^{-1}，2005 年达到峰值，为 0.32 kg CO_2eq·kg^{-1}，2006—2020 年柑单位产量碳足迹稳定在 $0.15 \sim 0.23$ kg CO_2eq·kg^{-1}，随后从 2020 年开始下降，2022 年降至 0.11 kg CO_2eq·kg^{-1}。2004—2022 年柑单位产量氮足迹在 $0.50 \sim 2.54$ g Nr·kg^{-1}，并于 2005 年达到峰值 2.54 g Nr·kg^{-1}，随后呈下降趋势，2018 年达到谷值，为 0.50 g Nr·kg^{-1}，随后呈上升趋势至 2021 年达到 1.42 g Nr·kg^{-1}，最后于 2022 年下降至 0.72 g Nr·kg^{-1}。

5.2.3.2　单位产量碳氮足迹空间变化特征

2022 年各省份的单位产量碳足迹和单位产量氮足迹分别在 $0.06 \sim 0.20$ kg CO_2eq·kg^{-1} 和 $0.28 \sim 1.86$ g Nr·kg^{-1}（图 5-16）。福建柑的单位产量碳足迹高，为 0.20 kg CO_2eq·kg^{-1}，广东、广西和重庆柑的单位产量碳足迹分别为 0.16 kg CO_2eq·kg^{-1}、0.12 kg CO_2eq·kg^{-1} 和 0.12 kg CO_2eq·kg^{-1}，江西、湖北和湖南均小于 0.1 kg CO_2eq·kg^{-1}，而湖北最小，为 0.06 kg CO_2eq·kg^{-1}。湖北柑的单位产量氮足迹最高，为 1.86 g Nr·kg^{-1}，广东为 1.31 g Nr·kg^{-1}，

福建、湖南和广西的单位产量氮足迹在 $0.70 \sim 0.82$ g Nr·kg^{-1}，江西和重庆较低，分别为 0.50 g Nr·kg^{-1} 和 0.28 g Nr·kg^{-1}。

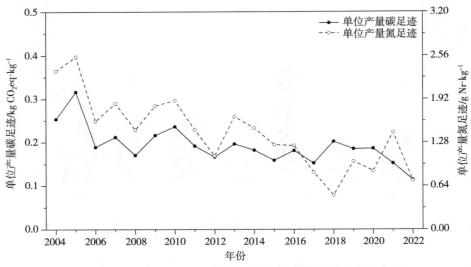

图 5-15　2004—2022 年柑单位产量碳氮足迹时间变化特征

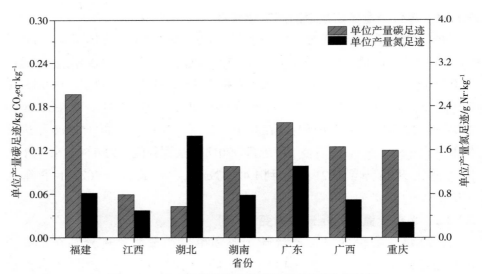

图 5-16　2022 年柑单位产量碳氮足迹空间变化特征

5.2.4　柑碳氮足迹构成

5.2.4.1　碳足迹构成

　　2004—2022 年柑的碳足迹构成表现为氮肥施用（58.7%）＞化肥生产（30.6%）＞农药生产（6%）＞灌溉用电（3%）＞机械燃油（1.7%），其中化肥生产和氮肥施用为碳足迹的主要构成部分（图 5-17）。2004—2022 年，化肥生产部分的碳足迹所占比例从 36.9% 降至 9.6%，氮肥施用部分的碳足迹所占比例从 55.5% 升至 64.7%，灌溉用电部分碳足迹所占比例从 4.3% 升至 6.2%，农药生产碳足迹所占比例从 2.7% 升至 13.2%，机械燃油部分碳足迹所占比例从 0.6% 升至 6.2%。

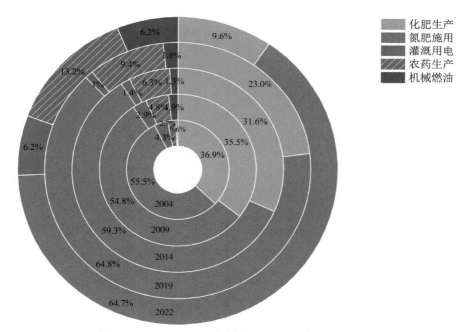

图 5-17　2004—2022 年柑碳足迹构成时间变化特征

　　2022 年在种植柑的省份中，碳足迹主要来源于氮肥施用部分（图 5-18）。在福建碳足迹构成中，氮肥施用和农药生产为主要构成部分，氮肥施用部分碳足迹为 1.67 t CO_2eq · hm^{-2}，占比为 43.8%；农药生产部分碳足迹为 1.47 t CO_2eq · hm^{-2}，占比为 38.6%；化肥生产、机械燃油及灌溉用电部分碳足迹合计占 17.6%。广东和广西氮肥施用部分碳足迹分别为 1.49 t CO_2eq · hm^{-2} 和 2.06 t CO_2eq · hm^{-2}，占比分别为 43.8% 和 55.4%；农药生产部分碳足迹分别为 1.33 t CO₂eq·hm⁻² 和 1.16 t CO₂eq·hm⁻²，占比分别为 43.1% 和 31.0%。重庆碳足迹主要构成为氮肥施用和灌溉用电部分，分别为 1.23 t CO₂eq·hm⁻² 和 0.85 t CO₂eq·hm⁻²，占比分别为 43.8% 和 30.3%。江西、湖北和湖南氮肥施用为碳足迹主要构成部分，分别为 1.07 t CO₂eq·hm⁻²、0.61 t CO₂eq·hm⁻² 和 0.50 t CO₂eq·hm⁻²，占比分别为 59.1%、59.1% 和 40.5%。

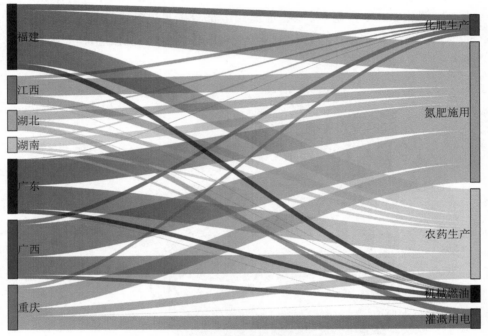

图 5-18　2022 年柑碳足迹构成空间变化特征

5.2.4.2　氮足迹构成

2004—2022 年种植柑的氮足迹中，氮肥施用是氮足迹的主要构成部分，占比达 85.6% ～ 89.4%（图 5-19）。2004 年，氮肥施用部分的碳足迹为 76.86 kg Nr·hm⁻²，占比为 89.4%，其他部分氮足迹为 9.11 kg Nr·hm⁻²，合计占比为 10.6%。随着时间的变化，氮肥施用部分的氮足迹逐年降低，到 2022 年降至 15.16 kg Nr·hm⁻²，同时占比也略有下降，2022 年氮肥施用部分氮足迹占比 85.6%，相比于 2004 年下降了 3.8%。

2022 年在种植柑的省份中，氮肥施用是氮足迹的主要来源（图 5-20）。湖北氮肥施用部分氮足迹最高，为 48.13 kg Nr·hm⁻²，占比为

89.3%；广东和广西氮肥施用部分的氮足迹分别为 22.71 kg Nr·hm^{-2} 和 17.98 kg Nr·hm^{-2}，占比分别为 88.7% 和 86.1%；福建和江西氮肥施用部分氮足迹分别为 12.87 kg Nr·hm^{-2} 和 13.52 kg Nr·hm^{-2}，占比分别为 81.0% 和 89.1%；湖南和重庆氮肥施用部分氮足迹分别为 6.85 kg Nr·hm^{-2} 和 4.46 kg Nr·hm^{-2}，占比分别为 82.7% 和 67.8%。

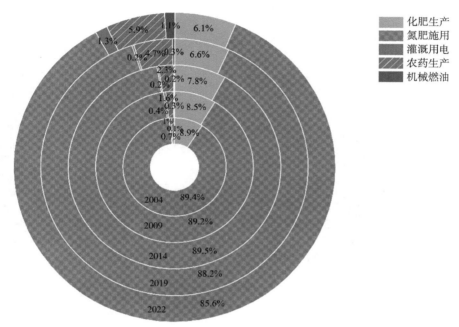

图 5-19　2004—2022 年柑氮足迹构成时间变化特征

5.2.5　橘单位面积碳氮足迹

5.2.5.1　单位面积碳氮足迹时间变化特征

2004—2022 年橘单位面积碳氮足迹总体呈现下降趋势（图 5-21）。橘的单位面积碳足迹范围在 2.48 ～ 5.77 t CO$_2$eq·hm^{-2}，2004—2006 年经历了短暂上升，从 4.84 t CO$_2$eq·hm^{-2} 上升至 5.77 t CO$_2$eq·hm^{-2}，随后下降至 2009 年的 2.48 t CO$_2$eq·hm^{-2}，2009—2013 年保持上升态势至 4.37 t CO$_2$eq·hm^{-2}，从 2013 年开始下降至 2015 年的 3.12 t CO$_2$eq·hm^{-2} 后趋于平稳，在 2022 年略有上升，但比 2004 年下降了 19%。橘的单位面积氮足迹范围在 12.99 ～ 53.52 kg Nr·hm^{-2}，2004—2009 年从 53.52 kg Nr·hm^{-2} 下降至 12.99 kg Nr·hm^{-2}，随后 2009—2013 年上升至 36.91 kg Nr·hm^{-2}，2014—2022 年趋于平稳态势，

2022 年达到 16.51 kg Nr · hm^{-2}，比 2004 年降低了 69.2%。

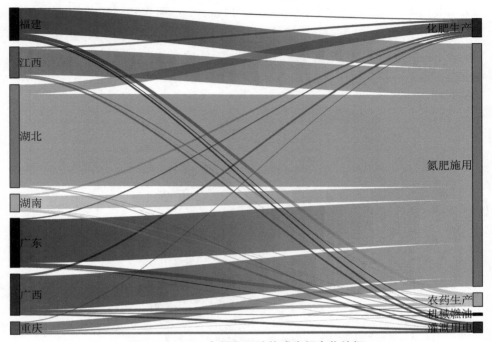

图 5-20   2022 年橘氮足迹构成空间变化特征

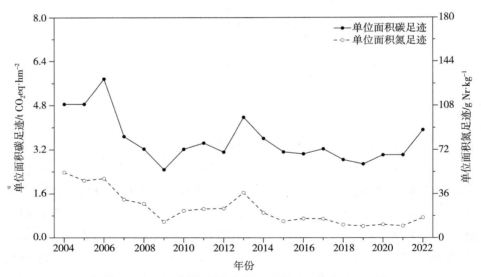

图 5-21   2004—2022 年橘单位面积碳氮足迹时间变化特征

5.2.5.2　单位面积碳氮足迹空间变化特征

不同种植省份橘的单位面积碳足迹在 2.03 ～ 7.90 t CO_2eq·hm^{-2}，单位面积氮足迹在 4.51 ～ 41.21 kg Nr·hm^{-2}（图 5-22）。福建的单位面积碳足迹最高，为 7.90 t CO_2eq·hm^{-2}；江西和广东的单位面积碳足迹相近，分别为 4.32 t CO_2eq·hm^{-2} 和 4.57 t CO_2eq·hm^{-2}；浙江和湖南分别为 3.14 t CO_2eq·hm^{-2} 和 3.64 t CO_2eq·hm^{-2}；湖北的单位面积碳足迹最低，为 2.03 t CO_2eq·hm^{-2}，仅为福建的 25.7%。福建单位面积氮足迹最高，为 41.21 kg Nr·hm^{-2}，湖南和广东分别为 21.76 kg Nr·hm^{-2} 和 28.16 kg Nr·hm^{-2}，广西和湖北分别为 4.51 kg Nr·hm^{-2} 和 4.59 kg Nr·hm^{-2}。

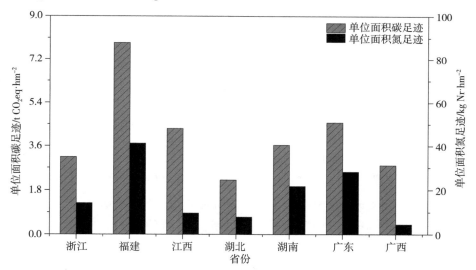

图 5-22　2022 年橘单位面积碳氮足迹空间变化特征

5.2.6　橘单位产量碳氮足迹

5.2.6.1　单位产量碳氮足迹时间变化特征

橘单位产量碳氮足迹总体呈现"下降—浮动—升高"的变化趋势（图 5-23）。2004—2022 年橘的单位产量碳足迹在 0.10 ～ 0.24 kg CO_2eq·kg^{-1}，2004—2009 年 从 0.21 kg CO_2eq·kg^{-1} 下降 至 0.10 kg CO_2eq·kg^{-1}，2010 年上升至 0.19 kg CO_2eq·kg^{-1}，2011—2020 年在 0.11 ～ 0.16 kg CO_2eq·kg^{-1} 浮动，2020—2022 年逐年上升至 0.24 kg CO_2eq·kg^{-1}。橘的单位产量氮足迹变化范围在 0.47 ～ 2.35 g Nr·kg^{-1}，2004—2009 年从 2.35 g Nr·kg^{-1} 逐年下降至 0.70 g Nr·kg^{-1}，2009—2012 年上升至 1.40 g Nr·kg^{-1}，2012—2019 年

开始下降至 0.47 g Nr·kg^{-1}，随后呈现平稳上升趋势，至 2022 年已上升至 0.98 g Nr·kg^{-1}，但仍比 2004 年减少了 58.3%。

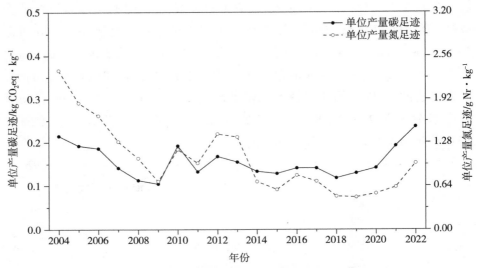

图 5-23　2004—2022 年橘单位产量碳氮足迹时间变化特征

5.2.6.2　单位产量碳氮足迹空间变化特征

2022 年各省份的单位产量碳氮足迹分别在 0.08 ～ 0.55 kg CO$_2$eq·kg^{-1} 和 0.19 ～ 2.86 g Nr·kg^{-1}（图 5-24）。福建的单位产量碳足迹最高，为 0.55 kg CO$_2$eq·kg^{-1}；江西、湖北、湖南及广西的单位产量碳足迹较为接近，分别为 0.26 kg CO$_2$eq·kg^{-1}、0.27 kg CO$_2$eq·kg^{-1}、0.23 kg CO$_2$eq·kg^{-1} 及 0.21 kg CO$_2$eq·kg^{-1}；浙江和广东分别为 0.17 kg CO$_2$eq·kg^{-1} 和 0.11 kg CO$_2$eq·kg^{-1}；重庆最低，为 0.08 kg CO$_2$eq·kg^{-1}。福建的单位产量氮足迹仍为最高，为 2.86 g Nr·kg^{-1}；湖南次之，为 1.39 g Nr·kg^{-1}，浙江、湖北和广东较为接近，分别为 0.77 g Nr·kg^{-1}、0.97 g Nr·kg^{-1} 和 0.69 g Nr·kg^{-1}；重庆仍最低，为 0.19 g Nr·kg^{-1}。

5.2.7　橘碳氮足迹构成

5.2.7.1　碳足迹构成

2004—2022 年橘碳足迹构成表现为氮肥施用（57.6%）＞化肥生产（25.8%）＞农药生产（6.4%）＞灌溉用电（6.4%）＞机械燃油（3.7%），其中化肥生产和氮肥施用为碳足迹的主要构成部分（图 5-25）。2004—2022 年化肥生产部分的碳足迹占比由 44.0% 下降至 16.1%；而氮肥施用部分占比由 49.6% 上升至 54.5%，机械燃油部分的碳足迹占比由 1.1% 上升至 10.2%，农药生产部分占比由 2.9% 上升至 8.7%，灌溉用电部分占比由 2.5% 上升至 10.4%。

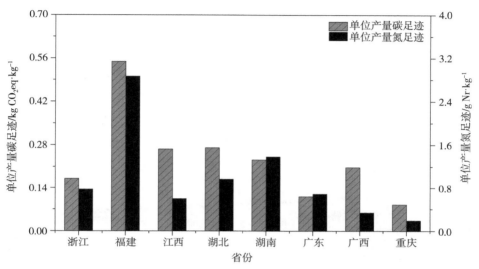

图 5-24　2022 年橘单位产量碳氮足迹空间变化特征

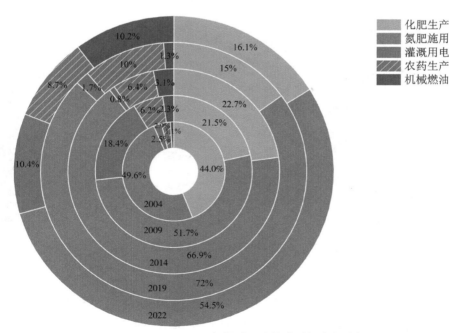

图 5-25　2004—2022 年橘碳足迹构成时间变化特征

2022 年在种植橘的省份中，碳足迹主要来源于氮肥施用部分（图5-26）。在福建碳足迹构成中，氮肥施用和灌溉用电为主要构成部分，氮肥施用部分的碳足迹为 4.75 t CO_2eq·hm^{-2}，占比为 60.2%；灌溉用电部分的碳足迹为 1.41 t CO_2eq·hm^{-2}，占比 17.9%；化肥生产、机械燃油及农药生产部分的碳足迹合计为 21.9%。广东和江西氮肥施用部分的碳足迹分别为 2.36 t CO_2eq·hm^{-2} 和 1.83 t CO_2eq·hm^{-2}，占比分别为 51.6% 和 42.4%。在江西，机械燃油也为碳足迹的主要构成之一，为 1.69 t CO_2eq·hm^{-2}，占比 39.2%。浙江、湖北、湖南、广西和重庆的碳足迹构成主要是氮肥施用，分别为 1.39 t CO_2eq·hm^{-2}、0.99 t CO_2eq·hm^{-2}、2.28 t CO_2eq·hm^{-2}、1.63 t CO_2eq·hm^{-2} 和 1.45 t CO_2eq·hm^{-2}，占比分别为 44.2%、44.8%、62.4%、58.2% 和 71.4%。

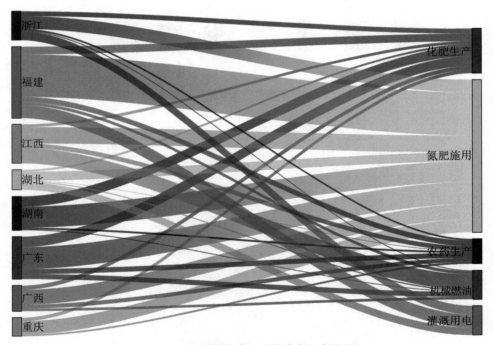

图 5-26　2022 年橘碳足迹构成空间变化特征

5.2.7.2　氮足迹构成

2004—2022 年种植橘的氮足迹中，氮肥施用是主要构成部分，占比达 81.6% ~ 89.3%（图 5-27）。2004 年，氮肥施用部分的氮足迹为 47.78 kg Nr·hm^{-2}，占比为 89.3%；其他部分碳足迹为 5.75 kg Nr·hm^{-2}，合计占比为 10.7%。氮肥施用部分的氮足迹逐年降低，2022 年氮肥施用部分的氮足迹占比为 81.6%，相比于 2004 年有所下降。

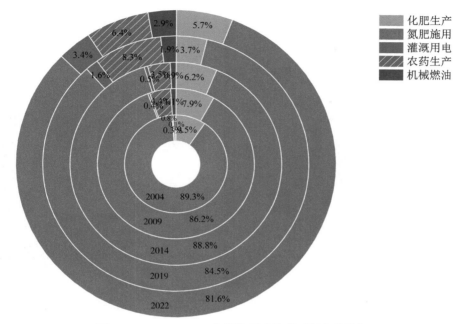

图 5-27 2004—2022 年橘氮足迹构成时间变化特征

2022 年在种植橘的省份中，氮肥施用是氮足迹的主要构成部分（图 5-28）。福建氮肥施用部分的氮足迹最高，为 35.47 kg Nr·hm^{-2}，占比为 86.1%；广东和湖南氮肥施用部分氮足迹分别为 23.64 kg Nr·hm^{-2} 和 19.08 kg Nr·hm^{-2}，分别占 83.9% 和 87.7%；福建氮肥施用部分的氮足迹为 11.28 kg Nr·hm^{-2}，占比 79.2%；江西、湖北、广西和重庆氮肥施用部分氮足迹分别为 5.93 kg Nr·hm^{-2}、6.28 kg Nr·hm^{-2}、2.44 kg Nr·hm^{-2} 和 3.64 kg Nr·hm^{-2}，占比分别为 61.3%、79.6%、54.1% 和 79.3%。

5.2.8 小结

柑和橘两种作物的总产、种植面积及单产均总体呈现上升趋势，而 2022 年种植柑橘的主要省份总产在（177.1 ～ 1 808.0）×10^4 t，广西柑橘总产量最高，为 1 808.0×10^4 t，是种植柑橘的主产区，同时该省份种植面积也最高，为 631×10^3 hm^2，其余省份种植面积在（80 ～ 430.4）×10^3 hm^2，福建省单产最高，为 29.1 t·hm^{-2}，其余省份单产在 15.7 ～ 22.1 t·hm^{-2}。

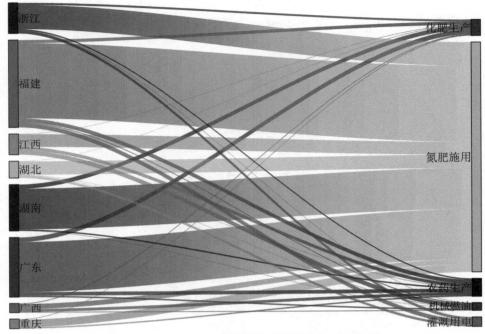

图 5-28　2022 年橘单位产量氮足迹构成空间变化特征

　　柑的单位面积碳足迹和单位面积氮足迹总体呈现下降趋势，这主要与我国种植结构调整及双减政策的实行有关。2022 年各省份柑的单位面积碳足迹在 $1.03 \sim 3.81$ t CO_2eq $\cdot$ hm^{-2}，福建省最高，为 3.81 t CO_2eq $\cdot$ hm^{-2}；单位面积氮足迹在 $8.28 \sim 53.90$ kg Nr $\cdot$ hm^{-2}，湖北最高，为 53.90 kg Nr $\cdot$ hm^{-2}。由于单产水平的提高，柑的单位产量碳足迹和单位产量氮足迹总体呈下降趋势，各省份柑的单位产量碳足迹在 $0.06 \sim 0.20$ kg CO_2eq $\cdot$ kg^{-1}，福建省最高，为 0.20 kg CO_2eq $\cdot$ kg^{-1}；氮足迹在 $0.28 \sim 1.86$ g Nr $\cdot$ kg^{-1}，湖北最高为 1.86 g Nr $\cdot$ kg^{-1}。氮肥施用是柑种植过程中碳足迹和氮足迹的主要构成部分，2022 年氮肥施用部分碳氮足迹的占比分别为 64.7% 和 85.6%。在种植柑的省份中，福建、广东及广西的单位产量碳足迹高于其他省份，这是由于氮肥施用及农药生产部分的碳足迹高于其他省份；湖北、广东及广西的单位产量氮足迹高于其他省份，这是由于氮肥施用部分的氮足迹高于其他省份。

　　橘的单位面积碳氮足迹呈波动性下降趋势。2022 年各省份橘的单位面积碳足迹在 $2.03 \sim 7.90$ t CO_2eq $\cdot$ hm^{-2}，福建最高，为 7.90 t CO_2eq $\cdot$ hm^{-2}；氮足迹在 $4.51 \sim 41.21$ kg Nr $\cdot$ hm^{-2}，福建最高，为 41.21 kg Nr $\cdot$ hm^{-2}。橘的单

位产量碳氮足迹总体呈先下降后升高的趋势。2022 年各省份橘的单位产量碳足迹在 0.08 ～ 0.55 kg CO$_2$eq · kg^{-1}，福建最高，为 0.55 kg CO$_2$eq · kg^{-1}；氮足迹在 0.19 ～ 2.86 g Nr · kg^{-1}，福建最高，为 2.86 g Nr · kg^{-1}。氮肥施用为橘种植过程中碳氮足迹的主要构成部分，2022 年氮肥施用部分碳氮足迹占比分别为 54.5% 和 81.6%。福建、广东及湖南的碳氮足迹高于其他省份。

由此可见，降低氮肥的用量是未来柑橘种植业减排的关键，因此应密切关注新型绿色肥料产业的发展，实现对传统氮肥的有效替代，进而逐步实现柑橘种植业的低碳发展。

6 马铃薯碳氮足迹

马铃薯是全球粮食体系的重要组成部分，在加强世界粮食安全和减轻贫困方面发挥着关键作用。马铃薯产量高，粮菜饲兼用，加工用途多，产业链条长，增产增收潜力大，是我国重要的粮食作物。同时，我国是世界马铃薯第一生产大国，年产量约占全球的 25%（FAO，2024）。农业农村部高度重视马铃薯产业的发展，2016 年发布《关于推进马铃薯产业开发的指导意见》，提出把马铃薯作为主粮，扩大种植面积，推进产业开发。《"十四五"全国种植业发展规划》中提出，马铃薯要稳定面积、多元发展、突出专用、改善品质，到 2025 年种植面积稳定在 7 000 万亩左右，产量保持在 1 750×10⁴ t 左右。

马铃薯耐寒、耐旱、耐贫瘠，适应性广，在全国种植广泛。我国马铃薯栽培形成了区域相对集中、各具特色的北方一作区、中原二作区、西南单双季混作区和南方冬作区四大区域。主产区主要有贵州、四川、甘肃、云南、内蒙古等，主要分布在西南单双季混作区和北方一作区。"十四五"以来，通过培育优良品种、建设科研平台、推动协同创新等举措，推广先进技术和高产品种，促进马铃薯产业高质量发展，取得了显著成绩。在此基础上，促进马铃薯低碳低氮绿色发展对确保粮食安全、促进农民增收具有重要意义。

6.1 马铃薯基本特征

6.1.1 马铃薯总产、种植面积和单产时间变化特征

2011—2022 年马铃薯单产呈现稳步提升，如图 6-1 所示，由 2011 年的 3.78 t·hm⁻² 增加到 4.67 t·hm⁻²，平均每公顷增加了 0.89 t，年均增长率为 1.94%。全国马铃薯种植面积和马铃薯总产则在 2016 年前后呈现先增后减趋势，全国种植面积由 2011 年的 5 184.66×10³ hm² 增加至 2016 年的 5 382.10×10³ hm²，增加了 6.39%；总产由 2011 年的 1 777.86×10⁴ t 增加到

2016 年的 1 891.50×10⁴ t，增加了 3.81%。2016—2017 年的种植面积和马铃薯总产分别减少了 848.10×10³ hm² 和 211.40×10⁴ t，种植面积和总产在 2017 年出现分化，种植面积从 2017 年到 2022 年由 4 534.00×10³ hm² 小幅度地减少至 4 367.20×10³ hm²，全国的马铃薯产量则处于上升趋势，2017—2022 年的年均增长率可达 0.47%。与 2011 年相比，2022 年的马铃薯总产仍降低了 8.96×10⁴ t，种植面积降低了 817.46×10³ hm²，单产增加了 0.89 t·hm⁻²。

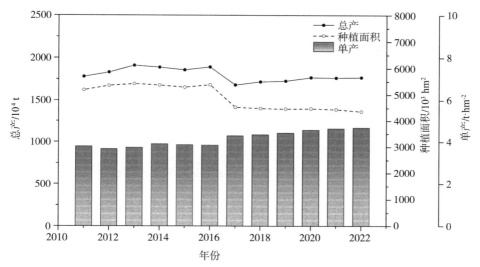

图 6-1　2011—2022 年马铃薯总产、种植面积和单产时间变化特征

6.1.2　马铃薯总产、种植面积和单产空间变化特征

四川、贵州、甘肃、云南为马铃薯种植大省，种植面积均超过 500×10³ hm²（图 6-2），2022 年这 4 个省份马铃薯总产均超过 200×10⁴ t，但在单产上略显不足，均低于全国平均水平 4.67 t·hm⁻²。重庆、陕西、湖北、内蒙古、河北、山西、山东种植面积在（100～500）×10³ hm²，总产在（50～110）×10⁴ t，其中山东单产可达到 8.56 t·hm⁻²，全国排名第 2 位，河北单产全国第 3 位，为 6.34 t·hm⁻²。宁夏、青海、黑龙江、辽宁、新疆种植马铃薯最少，种植面积低于 100×10³ hm²，总产均在 40×10⁴ t 以下，其中新疆的单产为全国第 1 位，达到 8.68 t·hm⁻²。

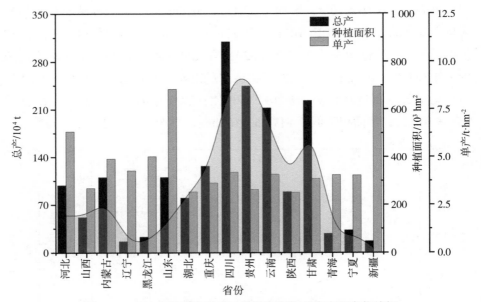

图 6-2　2022 年马铃薯总产、种植面积和单产空间变化特征

6.2　马铃薯单位面积碳氮足迹

6.2.1　单位面积碳氮足迹时间变化特征

2011—2022 年马铃薯单位面积碳氮足迹均呈现缓慢上升趋势（图 6-3）。单位面积碳足迹由 2011 年的 3.47 t CO_2eq·hm^{-2} 上升到 2022 年的 4.22 t CO_2eq·hm^{-2}，增加了 21.82%；单位面积氮足迹由 2011 年的 34.19 kg Nr·hm^{-2} 上升到 2022 年 36.45 kg Nr·hm^{-2}，增加了 6.62%。

6.2.2　单位面积碳氮足迹空间变化特征

2022 年我国各省份马铃薯种植的单位面积碳足迹为 2.43～8.28 t CO_2eq·hm^{-2}，单位面积氮足迹为 24.49～58.05 kg Nr·hm^{-2}。如图 6-4 所示，2022 年，甘肃的单位面积碳氮足迹最高，分别为 8.28 t CO_2eq·hm^{-2} 和 58.05 kg Nr·hm^{-2}；山西的单位面积碳足迹最低，仅为 2.43 t CO_2eq·hm^{-2}，但单位面积氮足迹可达到 24.49 kg Nr·hm^{-2}。新疆、山东、湖北、云南、宁夏等的单位面积碳氮足迹均高于全国平均值。陕西、贵州、青海、四川、辽宁、河北、内蒙古、黑龙江、重庆单位面积碳足迹均低于全国均值，其中仅陕西和四川的单位面积氮足迹高于全国均值，其余省份单位面积氮足迹均低于全国平均水平。

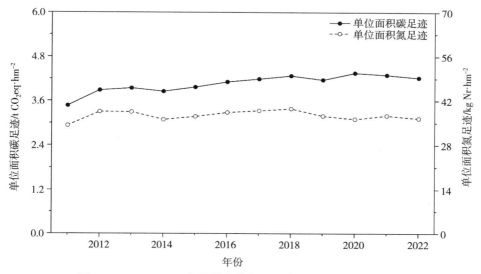

图 6-3　2011—2022 年马铃薯单位面积碳氮足迹时间变化特征

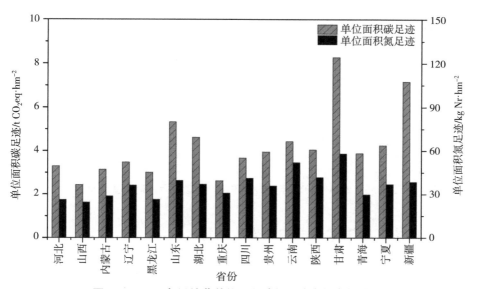

图 6-4　2022 年马铃薯单位面积碳氮足迹空间变化特征

6.3 马铃薯单位产量碳氮足迹

6.3.1 单位产量碳氮足迹时间变化特征

2011—2022 年马铃薯单位产量碳氮足迹均呈现先升后降的趋势，且在 2018 年时达到峰值（图 6-5）。单位产量碳足迹由 2011 年的 $0.14 \text{ kg CO}_2\text{eq} \cdot \text{kg}^{-1}$ 上升到 2018 年的 $0.18 \text{ kg CO}_2\text{eq} \cdot \text{kg}^{-1}$，增加了 23.64%，2022 年降低至 $0.15 \text{ kg CO}_2\text{eq} \cdot \text{kg}^{-1}$，降幅为 11.85%，但总体来看比 2011 年仍增加了 8.98%。单位产量氮足迹由 2011 年的 $1.41 \text{ g Nr} \cdot \text{kg}^{-1}$ 上升到 2018 年的 $1.68 \text{ g Nr} \cdot \text{kg}^{-1}$，增加了 19.70%，2022 年较 2018 年下降了 17.62%，降低为 $1.39 \text{ g Nr} \cdot \text{kg}^{-1}$，与单位产量碳足迹不同，单位产量氮足迹较 2011 年降低了 1.39%。

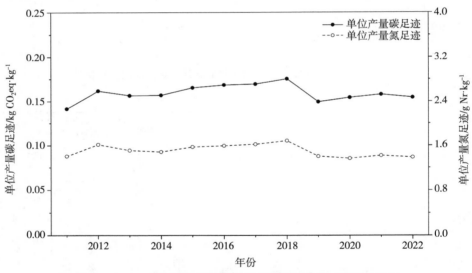

图 6-5　2011—2022 年马铃薯单位产量碳氮足迹时间变化特征

6.3.2 单位产量碳氮足迹空间变化特征

2022 年我国各省份马铃薯种植的单位产量碳足迹为 $0.08 \sim 0.32 \text{ kg CO}_2\text{eq} \cdot \text{kg}^{-1}$，单位产量氮足迹为 $0.69 \sim 2.67 \text{ g Nr} \cdot \text{kg}^{-1}$（图 6-6）。甘肃作为主产区，其单位产量碳足迹最高，为 $0.32 \text{ kg CO}_2\text{eq} \cdot \text{kg}^{-1}$，陕西次之，为 $0.26 \text{ kg CO}_2\text{eq} \cdot \text{kg}^{-1}$；单位产量氮足迹陕西最高，为 $2.67 \text{ g Nr} \cdot \text{kg}^{-1}$，甘肃次之，为 $2.22 \text{ g Nr} \cdot \text{kg}^{-1}$；非主产区黑龙江的单位产量碳氮足迹均为全国最低值，分别为 $0.08 \text{ kg CO}_2\text{eq} \cdot \text{kg}^{-1}$

和 0.69 g Nr·kg^{-1}。主产区中的内蒙古和云南的单位产量碳足迹高于全国均值 0.15 kg CO$_2$eq·kg^{-1}，辽宁、湖北、宁夏、新疆等于全国均值；四川、贵州、重庆、青海、山东、河北、山西均低于全国均值，单位产量碳足迹为 0.10 ～ 0.14 kg CO$_2$eq·kg^{-1}。云南、重庆、辽宁、四川、内蒙古的单位产量氮足迹高于全国均值 1.39 g Nr·kg^{-1}，贵州、宁夏、湖北、青海的单位产量氮足迹为 1.00 ～ 1.30 g Nr·kg^{-1}，低于全国均值，其中贵州为马铃薯主产区；山西、山东、河北、新疆的单位产量氮足迹为 0.60 ～ 1.00 g Nr·kg^{-1}。

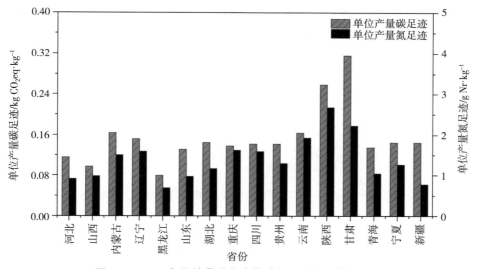

图 6-6　2022 年马铃薯单位产量碳氮足迹空间变化特征

6.4　马铃薯碳氮足迹构成

6.4.1　碳足迹构成

2011—2022 年马铃薯碳足迹构成主要表现为氮肥施用（38.7%）>化肥生产（37.5%）>农膜生产（9.7%）>灌溉用电（9.2%）>机械燃油（2.8%）>农药生产（2.2%）（图 6-7）。化肥生产和氮肥施用的碳足迹占比最高，分别为 35.4% ～ 40.8% 和 35.4% ～ 40.9%；其次为农膜生产和灌溉用电，占比分别为 7.9% ～ 11.6% 和 6.8% ～ 10.3%；最后为机械燃油和农药生产，占比分别 2.2% ～ 3.6% 和 1.4% ～ 3.8%。其中，化肥生产、氮肥施用在单位面积碳足迹中的占比逐年减少；农膜生产、灌溉用电、机械燃油和农药生产的占比逐年增加。

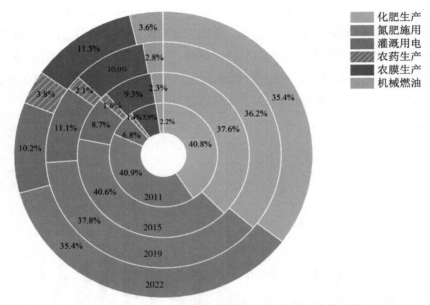

图 6-7　2011—2022 年马铃薯碳足迹构成时间变化特征

2022 年山西、云南和四川氮肥施用的碳足迹占比均在 45% 以上（图 6-8），最高为山西，占比 50.44%，青海、甘肃和新疆氮肥施用产生的碳足迹占比最少，为 20% ～ 30%；陕西和宁夏的化肥生产占比最多，分别为 58.55% 和 50.57%，湖北和山东化肥生产占比最少，均在 20% 以下；湖北、甘肃、贵州农膜生产的碳足迹占比最多，分别为 29.80%、27.26%、24.66%，黑龙江、重庆、云南和陕西未使用农膜，并没有产生农膜部分的碳排放，其余省份则为 1.00% ～ 20.00%；灌溉用电部分占比较少，其中新疆由于气候因素，灌溉用电部分占比可达 40.24%，山东、内蒙古、河北、山西和辽宁占比为 10% ～ 25%，甘肃、四川、湖北和云南的灌溉用电部分占比在 10% 以下；黑龙江和重庆的机械燃油在碳足迹中占比最多，分别占 13.28% 和 8.96%，其余省份的机械燃油占比则均在 5% 以下；农药生产部分占比最多的省份为黑龙江，为 22.82%，其余省份则均在 0.43% ～ 7.67%。

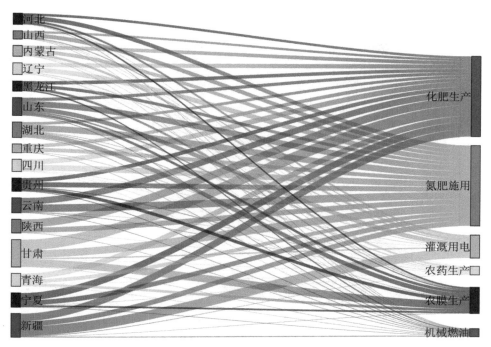

图 6-8　2022 年马铃薯碳足迹构成空间变化特征

6.4.2　氮足迹构成

2011—2022 年马铃薯氮足迹构成表现为氮肥施用（85.2%）>化肥生产>（12.1%）>灌溉用电（1.4%）>农膜生产（0.8%）>机械燃油（0.3%）>农药生产（0.2%）（图 6-9）。氮肥施用在马铃薯氮足迹中占比最大，为 84.4%～85.9%；其次为化肥生产，占比 11.8%～12.2%；其余组分总共仅占 1.9%～3.4%，其中灌溉用电、农膜生产、机械燃油、农药生产分别占比 1.0%～1.7%、0.6%～1.0%、0.3%～0.5%、0.1%～0.3%。氮肥施用在氮足迹中的占比逐年减少；化肥生产占比在 2015 年前后呈现先降后升的趋势，由 2011 年的 12.2% 减少至 2015 年的 11.8%，此后化肥生产占比小有增加，到 2022 年增加至 12.2%，灌溉用电占比在 2019 年前后呈现先增后减趋势，2011 年开始灌溉用电占比迅速增加，由 1.0% 增加至 2019 年的 1.7%，此后灌溉用电占比小有减少，到 2022 年减少为 1.6%；农膜生产、机械燃油和农药生产的氮足迹占比逐年增加。

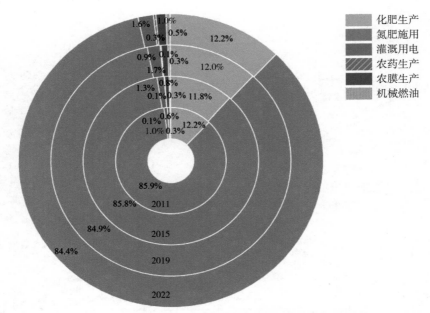

图 6-9　2011—2022 年马铃薯氮足迹构成时间变化特征

　　氮肥施用是氮足迹中占比最多的部分，如图 6-10 所示，四川、云南、陕西、宁夏和重庆占比均在 85% 以上，最高的为四川，可达到 87.33%，新疆占比 78.09%，其余省份则均在 80%～85%；化肥生产占比在各省份间变化不大，各省占比均在 11%～14%；灌溉用电部分，新疆由于气候条件因素，灌溉用电占比最多，可达到 9.57%，山东、内蒙古和河北的占比在 3.27%～4.44%，山西、辽宁、甘肃、湖北、四川和云南的灌溉用电占比较少；甘肃、湖北、贵州、青海、山东和河北的农膜生产占比在 1.03%～3.33%，辽宁、内蒙古、山西、新疆、四川占比较少，均在 1.00% 以下，而宁夏、黑龙江、重庆、云南和陕西未产生农膜部分的氮足迹；黑龙江机械燃油的占比在各省份中最高，可达到 1.42%，其余省份占比均在 1.00% 以下；黑龙江农药生产的占比在各省份中最高，可达到 1.52%，其余省份农药占比均在 1.00% 以下。

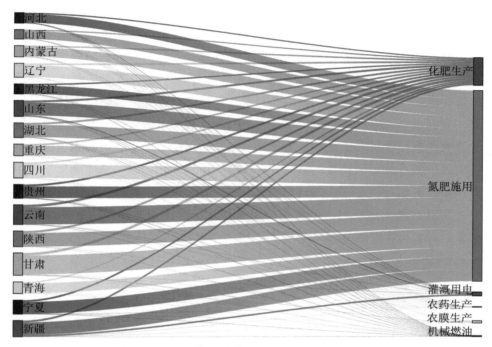

图 6-10 2022 年马铃薯氮足迹构成空间变化特征

6.5 小结

    2011—2022 年马铃薯单产呈现稳步提升；全国马铃薯种植面积在 2016 年前后呈现先增后减趋势，2017 年马铃薯价格骤跌，同比跌幅超过 40% ～ 50%，致使许多地区马铃薯种植面积大幅减少；马铃薯总产呈现先增后减再增趋势，总产的增加首先由单产的增加驱动，而后在 2017 年种植面积的骤减使得马铃薯总产也随之减少了，随后尽管每年种植面积都在小幅减少，但单产的增加还是使得全国马铃薯的总产逐年增加。马铃薯种植大省如贵州、四川、甘肃、云南在单产上有所不足，新疆、山东、河北等单产高的省份反而种植面积少。

    从时间维度来看，2011—2018 年单位面积碳氮足迹以及单位产量碳氮足迹整体变化基本一致，呈现先增后减再增的变化规律，2012—2013 年由于氮肥和灌溉用电使用的减少使得单位面积氮足迹降低，2014 年肥料、农药、农膜投入的增加使得碳氮足迹逐渐增加，2018 年肥料和农膜使用的减少重新使碳氮足迹开始下降。

　　从空间维度分析，马铃薯种植大省中，贵州单位面积和单位产量碳氮足迹均低于全国平均水平，在主产区中表现良好；而甘肃和云南的单位面积碳氮足迹均处于较高水平，过量的投入并没有带来理想的高产出而是更高的环境代价；四川单位面积碳氮足迹和单位产量碳足迹较低但单位产量氮足迹处于较高水平，该省单位面积产量有待提升且应通过适量减少氮肥施用或增加氮素间利用率等方式来降低氮足迹。其余省份中，山东、山西和新疆的单位面积碳氮排放虽然较高，但其拥有较高的单位面积产量，从而降低了其单位产量碳氮足迹；辽宁、内蒙古单位面积和产量碳氮足迹低，但同时单产不高；河北、黑龙江、重庆、青海的单位面积和产量碳氮足迹均处于较低水平，是种植马铃薯值得推广的优势地区。

7 未来展望

随着农业可持续发展重要性的提高，评价作物各种环境足迹的必要性显而易见。本书通过对 11 种关键农产品的碳足迹与氮足迹的详尽分析，不仅揭示了农业生产活动对温室气体排放和土壤氮素循环的直接贡献，同时为理解农业系统与环境之间的复杂相互作用提供了宝贵数据。然而，为了更全面地把握农业对环境的综合影响，促进农业可持续发展，减少环境压力，同时确保食品安全与营养供给，仍需加强以下 4 个方面的工作。

7.1 细化数据到县级层面

2024 年 5 月生态环境部等 15 部门联合印发《关于建立碳足迹管理体系的实施方案》。方案强调了加快建立碳足迹管理体系的重要性，以形成绿色低碳供应链和生产生活方式，这需要对数据进行更细致的收集和分析。本书对省级农产品碳足迹进行核算，构建了农产品碳氮足迹数据库，为下一步具体到县级数据的细化打好坚实基础。响应方案中加强碳足迹背景数据库建设的要求，鼓励相关行业协会、企业、科研单位依法合规收集整理本行业相关数据资源，发布细分行业领域产品碳足迹背景数据库，这为县级数据的收集提供了政策支持和方向指引。

7.2 排放因子的时间、空间和作物类型区分

排放因子是评估农业碳氮足迹的关键参数。然而，这些因子可能随时间、地理位置和作物种类的不同而变化。建立一个动态的排放因子数据库，能够根据不同的时间、地点和作物类型提供准确的排放估算，是提高评估精度的重要步骤。本书针对主要农业投入品构建了排放因子库，未来排放因子的确定必须考虑时间变化、地理位置和作物种类的不同，以提高碳足迹核算的准确性和适用性。此外，进一步发挥创新驱动和技术融合的重要性，将碳

氮足迹管理与大数据、区块链、物联网等技术交叉融合，以提高排放因子监测的精准度。

7.3 基线核算与区域减排技术

基线核算是评估农业碳氮足迹和制定减排目标的基础。通过基线核算，可以确定当前的排放水平，并与未来目标进行比较。针对不同区域的农业特点和环境条件，开发和推广适用的减排技术是实现可持续发展的关键。这可能包括改进灌溉系统、采用覆盖作物、优化肥料使用、改进耕作方法等。区域减排技术的实施需要考虑当地的社会经济状况、农民的接受度和技术的可行性。因此，与地方社区和利益相关者的合作是成功实施这些技术的关键。

7.4 政策引导与市场机制创新

在推动农业可持续发展的进程中，政策引导与市场机制创新是不可或缺的关键力量。通过科学合理的政策制定和市场机制设计，可以有效地激励农业生产者采取更加环保的生产方式，推动农业绿色转型。

在政策引导方面，政府应出台一系列鼓励绿色农业发展的政策措施。这些措施可以包括财政补贴、税收减免、绿色信贷等，以降低农业生产者采用环保技术的成本，提高其积极性。同时，政府还应加强对农业生产的监管，制定严格的环境保护法规和标准，对违规行为进行处罚，形成有效的环境约束。

在市场机制创新方面，应充分利用市场机制在资源配置中的决定性作用。通过建立绿色农产品认证体系、推广环保标签等方式，增强消费者对绿色农产品的认知和信任，形成绿色消费的市场需求。此外，还可以探索建立碳交易市场等新型市场机制，将农业生产的碳减排量纳入交易范畴，通过市场手段激励农业生产者减少温室气体排放。

通过政策引导与市场机制创新的双轮驱动，为农业绿色转型提供强大的动力和支持，推动农业生产方式的根本性变革，实现农业与环境的和谐共生。

参考文献

陈舜，逯非，王效科，2015. 中国氮磷钾肥制造温室气体排放系数的估算. 生态学报，35（19）：6371–6383.

陈中督，徐春春，纪龙，等，2019. 长江中游地区稻麦生产系统碳足迹及氮足迹综合评价. 植物营养与肥料学报，25（7）：1125–1133.

方凯，2015. 足迹家族：概念／类型、理论框架与整合模式. 生态学报，35（6）：1–17.

国家发展和改革委员会应对气候变化司（NDRC），2014. 2011 年和 2012 年中国区域电网平均二氧化碳排放因子. https://www.ccchina.org.cn/archiver/ccchinacn/UpFile/Files/Default/20140923163205362312.pdf.

国家发展和改革委员会应对气候变化司（NDRC），2015. 食品、烟草及酒、饮料和精制茶企业温室气体排放核算方法与报告指南. https://www.ndrc.gov.cn/xxgk/zcfb/tz/201511/W020190905506437510365.pdf.

国家统计局. 2023. 国家统计局网站，http//www. data.stats.gov.cn.

郝西，刘娟，张俊，等，2017. 农业供给侧结构性改革背景下河南花生发展对策. 农业科技通讯（12）：7–11.

李波，2011. 我国农地资源利用的碳排放及减排政策研究. 武汉：华中农业大学.

林克涛，朱朝枝，陈如凯，2015. 中国甘蔗产业碳汇时空差异研究. 科技管理研究，35(13)：241–245，250.

秦树平，胡春胜，张玉铭，等，2011. 氮足迹研究进展. 中国生态农业学报，19（2）：462–467.

王继华，商贺阳，杨少海，2018. 我国甘蔗养分高效利用的研究进展. 中国糖料，40（6）：66–68.

谢金兰，李长宁，何为中，等，2017. 甘蔗化肥减量增效的栽培技术. 中国糖料，39（1）：38–41.

徐华丽，2013. 长江流域油菜施肥状况调查及配方施肥效果研究. 武汉：华中农业大学.

张国，逯非，黄志刚，等，2016. 我国主粮作物的化学农药用量及其温室气体排放估算. 应用生态学报，27（9）：2875–2883.

赵广才，常旭虹，王德梅，等，2018. 小麦生产概况及其发展. 作物杂志（4）：1-7.

赵士诚，裴雪霞，何萍，等，2010. 氮肥减量后移对土壤氮素供应和夏玉米氮素吸收利用的影响. 植物营养与肥料学报，16（2）：492-497.

CHEN X，CUI Z，GAO Q，et al.，2014. Producing more grain with lower environmental costs. Nature，514（7523）：486-489.

CHEN X，CUI Z，VITOUSEK P M，et al.，2011. Integrated soil-crop system management for food security. Proceedings of the National Academy of Sciences of the United States of America，108（16）：6399-6404.

CHENG K，YAN M，NAYAK D，et al.，2015 Carbon footprint of crop production in China: an analysis of National Statistics data. The Journal of Agricultural Science, 153（3）：422-431.

CUI Z，CHEN X，ZHANG F，2010. Current nitrogen management status and measures to improve the intensive wheat-maize system in China. Ambio，39（5-6）：376-384.

DRECCER M F, SCHAPENDONK A H C M, SLAFER G A，2000. Comparative response of wheat and oilseed rape to nitrogen supply: absorption and utilisation efficiency of radiation and nitrogen during the reproductive stages determining yield. Plant and Soil, 220（1-2）：189-205.

FAO , 2024. Annual Potato Production Data. Food and Agriculture Organization of the United Nations (FAO) Statistics Database.

GALLOWAY J N, TOWNSEND A R, ERISMAN J W, et al.，2008. Transformation of the nitrogen cycle: recent trends, questions, and potential solutions. Science, 320（5878）：889-892.

GAO T, LIU Q, WANG J, 2014. A comparative study of carbon footprint and assessment standards. International Journal of Low-Carbon Technologies, 9（3）：237-243.

HUANG W, WU F, HAN W, et al.，2022. Carbon footprint of cotton production in China: composition, spatiotemporal changes and driving factors. Science of the Total Environment, 821: 153407.

IPCC, 2019. Guidelines for national greenhouse gas inventories. National Greenhouse Gas Inventories Programme, Intergovernmental Panel on Climate Change: Hayama, Japan.

IPCC, 2021. Climate change 2021: the physical science basis. Contribution of working group I to the sixth assessment report of the intergovernmental panel on climate Change.New York: Cambridge University Press.

ISO 14040, 2006. Environmental management-life cycle assessment-principles and framework.

International Organisation for Standardization.

LI Y, WU W, YANG J, 2022. Exploring the environmental impact of crop production in China using a comprehensive footprint approach. Science of the Total Environment, 824: 153898.

LIANG L, 2009. Discussion and empirical study on environmental impact assessment method of circular agriculture based on LCA. Bei jing: China Agricultural University.

LINQUIST B, VAN GROENIGEN K J, ADVIENTO-BORBE M A, et al., 2012. An agronomic assessment of geenhouse gas emissions from major cereal crops. Global Change Biology, 18 （1）: 194–209.

LIU G, HOU P, XIE R, et al., 2017. Canopy characteristics of high-yield maize with yield potential of 22.5 mg · ha^{-1}. Field Crops Research, 213: 221–230.

LIU G, YANG Y, LIU W, et al., 2020. Leaf removal affects maize morphology and grain yield. Agronomy, 10 （2）: 269.

MA R, YU K, XIAO S, et al., 2022. Data-driven estimates of fertilizer-induced soil NH_3, NO and N_2O emissions from croplands in China and their climate change impacts. Global Change Biology, 28 （3）: 1008–1022.

QAMAR H S, 2019. Effect and mechanism of aging corn and rice bran oil on performance, antioxidative status, intestinal physiology and meat quality of meat duck. 雅安：四川农业大学.

SAH D, DEVAKUMAR A S, 2018. The carbon footprint of agricultural crop cultivation in India. Carbon Management, 9 （3）:213–225.

WU Z F, CHEN D X, ZHENG Y M, et al., 2016. Supply characteristics of different nitrogen sources and nitrogen use efficiency of peanut. Chinese Journal of Oil Crop Sciences, 38 （2）: 207–213.

XIA L, TI C, LI B, et al., 2016. Greenhouse gas emissions and reactive nitrogen releases during the life-cycles of staple food production in China and their mitigation potential. Science of the Total Environment, 556: 116–125.

XIA Y, YANG W, SHI W, et al., 2018. Estimation of non-point source N emission in intensive cropland of China. Journal of Ecology and Rural Environment, 34: 782–787.

XU C, CHEN Z, JI L, et al., 2022. Carbon and nitrogen footprints of major cereal crop production in China: a study based on farm management surveys. Rice Science, 29 （3）: 288–298.

XU R, ZHAO H, LIU G, et al., 2021. Effects of nitrogen and maize plant density on forage yield and nitrogen uptake in an alfalfa-silage maize relay intercropping system in the North China

Plain. Field Crops Research, 263: 108068.

YUE T, LIU H, LONG R, et al., 2020. Research trends and hotspots related to global carbon footprint based on bibliometric analysis: 2007–2018. Environmental Science and Pollution Research, 27（15）: 17671–17691.

ZHANG X, DAVIDSON E A, MAUZERALL D L, et al., 2015. Managing nitrogen for sustainable development. Nature, 528（7580）: 51–59.